分枝杆菌实验室检测及鉴定；批准的指南
Laboratory Detection and Identification of Mycobacteria; Approved Guideline

主 译：赵雁林

译 者：（按姓氏笔画顺序）

王玉峰　王胜芬　宋媛媛

欧喜超　赵　冰　梅国勇

崔　健　谭耀驹

中华医学电子音像出版社
CHINESE MEDICAL MULTIMEDIA PRESS
北　京

图书在版编目（CIP）数据

分枝杆菌实验室检测及鉴定指南 / 赵雁林译 . -- 北京：中华医学电子音像出版社，2015.8
ISBN 978-7-83005-042-9

Ⅰ.①分… Ⅱ.①赵… Ⅲ.①分枝杆菌—检测—指南 ②分枝杆菌—鉴定—指南
Ⅳ.① Q939.13-62

中国版本图书馆 CIP 数据核字（2015）第 187394 号

北京市版权局著作权合同登记号：图字：01-2015-4253 号

  本作品为临床和实验室标准协会（CLSI）的受版权保护作品。本文为 CLSI 的受版权保护作品 [*Laboratory Detection and Identification of Mycobacteria; Approved Guideline*] 的译文。CLSI 已经批准 CMA 翻译该作品。CMA 对中文译文的准确性负有完全的责任。如因翻译引起意思有所变更，则 CLSI 的原刊物（英文版本）具有权威性。每部作品所含的解释性数据只在用户遵循其中所述的方法才会生效。CLSI 通过发行新的版本和补充资料不断更新解释性的表格。用户应当参考最新的版本。

  2005 年 1 月，美国国家临床实验室标准委员会（NCCLS）更名为临床和实验室标准协会（CLSI）。如需完整的现行标准和补充信息（英文版本），可以联系 CLSI 索取，地址：940 West Valley Road, Suite 1400, Wayne, PA 19087-1898, U.S.A；电话：+610.688.0100；传真：+610.688.-700；电子邮箱：customerservice@clsi.org；网站：www.clsi.org。如需另外复制本文件或在《版权法》不允许的范围内使用本文件的文本，必须以书面方式向临床和实验室标准协会取得相关批准。

分枝杆菌实验室检测及鉴定；批准的指南

主　　译：	赵雁林
策划编辑：	史　红
责任编辑：	武　昱　孙　静
文字编辑：	孙　静
校　　对：	孙　静
责任印刷：	李振坤
出 版 人：	史　红
出版发行：	中华医学电子音像出版社
通信地址：	北京市东城区东四西大街 42 号中华医学会 121 室
邮　　编：	100710
E-mail：	cma-cmc@cma.org.cn
购书热线：	010-85158550
经　　销：	新华书店
印　　刷：	北京京华虎彩印刷有限公司
开　　本：	787 mm×1092 mm　1/16
印　　张：	5.375
字　　数：	130 千字
版　　次：	2015 年 6 月第 1 版　2015 年 6 月第 1 次印刷
定　　价：	35.00 元

版权所有　　侵权必究

购买本社图书，凡有缺、倒、脱页者，本社负责调换

临床和实验室标准协会

卫生保健检测中的质量改进

临床和实验室标准协会（CLSI，曾称为NCCLS）是一个国际化、跨学科、非盈利、制定标准和教育的组织，它促使人们对标准和指南自愿达成共识并促进其在医疗保健系统内的应用。在为临床试验与相关的医疗问题制订标准与指南时，CLSI实施了它所特有的达成共识的过程，因而得到了全世界的认可。若要经济而有效地提高临床试验和医疗保健水平，就应具备一致的标准，这便是CLSI基于的原则。

除了制定和促进使用一致的标准和指南外，我们还提供一个开放和公正的论坛以讨论影响临床检测和医疗保健质量的关键问题。

出版

文件以标准、指南或报告形式出版。

标准 标准文件是指明确规定了材料、方法或实施的具体的基本要求，并已达成共识，不允许变更使用的文件。另外，标准可能包含有自由选择的要素，均有明确标识。

指南 指南文件是指用于一般操作实践、步骤或材料的标准，并已达成共识、自愿使用的文件。使用者可以按指南的规定使用，也可按需变更使用。

报告 报告文件是指由董事会发布的尚未经一致评议的文件。

达成共识的过程

CLSI自愿达成共识过程是遵循以下正式标准制定的：
- 计划的批准
- 文件的形成与公开评议
- 根据用户评议进行修订
- 文件被接受成为一致性的标准和指南

大多数文件经历两个水平的一致评议——"建议性的"和"批准的"。根据现场评估和数据收集的需要，文件可以在中间水平接受一致评议。

建议性的 作为建议的标准或指南，共识文件要接受临床试验的第一阶段评议。文件要接受广泛的、彻底的技术评估，包括对范围、方法、实用性的整体评估及对技术和编辑内容的详细评估。

批准的 被批准的标准或指南在医疗保健领域已获得共识。进行评议的目的是确定最终文件的实用性，保证已达成的共识（即充分考虑对早期版本的评论意见），并且确定是否需要其他达成共识的文件。

我们的标准和指南代表了优秀实验室实践的一致意见，反映了在使用既定的CLSI步骤时，那些深受其影响的、有法定资格且对此感兴趣的参与者之间取得广泛一致。CLSI标准和指南规定可能会或多或少地比实用规则更严格。因此，遵循这些自愿标准或指南的使用者仍然有义务遵循实用规则。

评议

使用者的评议对达成共识必不可少的。任何人都可以提交一份评议，而编写文件的委员会按照达成共识原则，对所有评议加以考虑。有些评议使得文件的下一次一致评议水平在出版时有所变动，其他评议并未导致文件发生变化，但对所有这些评议，委员会都会在文件后以附录形式做出回应。我们恳切希望读者在任何时间以任何形式对CLSI的任何文件提出评论意见。评论可发往临床和实验室标准协会：940 West Valley Road，Suite 1400，Wayne，PA 19087，美国。

自愿参与

我们希望医疗保健领域所有学科的专家自愿参与到CLSI的计划中来。关于参加委员会详细信息，请联系我们，邮箱：customerservice@clsi.org或电话：+610.688.0100。

Volume 28 No. 17

M48-A
ISBN 1-56238-669-7
ISSN 0273-3099

分枝杆菌实验室检测及鉴定；批准的指南

Betty (Betz) A. Forbes, PhD, D(ABMM)
Niaz Banaiee, MD
Kathleen G. Beavis, MD
Barbara A. Brown-Elliott, MS, MT(ASCP) SM
Phyllis Della Latta, PhD, MSc
L. Bruce Elliott, DrPH
Geraldine S. Hall, PhD
Bruce Hanna, PhD
Mark D. Perkins, MD
Salman H. Siddiqi, PhD
Richard J. Wallace, Jr., MD
Nancy G. Warren, PhD

摘要

结核病是严重的全球问题，全世界大约有 1/3 的人感染结核分枝杆菌，此外由非结核分枝杆菌引起的疾病发生率也在逐步增加，分枝杆菌感染的实验室诊断成为当前的巨大挑战。不仅有良好管理和合理的控制结核病传播措施的国家，而且随着非结核分枝杆菌增加种类的准确鉴定的需要，结核分枝杆菌的诊断必须优化和提速。针对此类问题，临床和实验室标准协会整理 M48-A 文件，即分枝杆菌实验室检测和鉴定批准的指南，其中涉及的主题有分枝杆菌感染实验室诊断，包括安全和相关问题、服务和被参考水平、分枝杆菌的临床特征、所需样本的类型和收集方法、运输和储存、标本处理方法、临床标本中分枝杆菌的直接检测方法、污染组织的培养方法、报告和质量控制以及型和基因型鉴定程序。

Clinical and Laboratory Standards Institute (CLSI). *Laboratory Detection and Identification of Mycobacteria; Approved Guideline*. CLSI document M48-A (ISBN 1-56238-669-7). Clinical and Laboratory Standards Institute, 950 West Valley Road, Suite 2500, Wayne, Pennsylvania 19087 USA, 2008.

临床和实验室标准协会共同完成，通过 2 级或更多级别医疗保健团体推动此文件流通，这是个循序渐进的过程。使用者应该意识到任何文件都需要进行修改。由于技术进步突飞猛进，影响标准、指南的步骤、方法及草案的拟定，所以使用者应该用新版的 CLSI/NCCLS 来替换旧版。当前使用的版本列在 CLSI 的目录中，并在我们的网站 www.clsi.org 上发出通告。如果您所在的组织没有加入协会而愿意成为其中一员，需要一份目录的，请联系我们：电话：610.688.0100；传真：610.688.0700；电子邮件：customerservice@clsi.org；网站：www.clsi.org。

2008年版权归临床和实验室标准协会所有，声明如下：在未经临床和实验室协会（"CLSI"）书面许可之前，任何单位或个人不得改编、拷贝或以任何方式复制（电子、机械、影印、录像或其他）本出版物的任何部分。

CLSI 在此特许个人会员或者购买商者制作一份本出版物复制品，用在单一场所实验室程序手册中。如要求许可以任何其他形式使用本出版物，请联系行政副会长，临床和实验室标准协会，美国宾夕法尼亚州 19087-1898，韦恩，1400 号，西谷路 940。

推荐引用

CLSI. *Laboratory Detection and Identification of Mycobacteria; Approved Guideline*. CLSI document M48-A. Wayne, PA: Clinical and Laboratory Standards Institute; 2008.

推荐指南

2007 年 2 月

批准的指南

2008 年 5 月

ISBN 1-56238-669-7
ISSN 0273-3099

委员会成员
微生物学专业委员会

主席
Mary Jane Ferraro, PhD, MPH
Massachusetts General Hospital
Boston, Massachusetts

副主席
John H. Rex, MD, FACP
AstraZeneca
Cheshire, United Kingdom

Barbara Ann Body, PhD, D(ABMM)
Laboratory Corporation of America
Burlington, North Carolina

Betty (Betz) A. Forbes, PhD, D(ABMM)
Medical College of Virginia Campus
Richmond, Virginia

Freddie Mae Poole
FDA Center for Devices and Radiological Health
Rockville, Maryland

Daniel F. Sahm, PhD
Eurofins Medinet
Herndon, Virginia

Fred C. Tenover, PhD, ABMM
Centers for Disease Control and Prevention
Atlanta, Georgia

John D. Turnidge, MD
Women's and Children's Hospital
North Adelaide, Australia

Michael L. Wilson, MD
Denver Health Medical Center
Denver, Colorado

顾问
Nancy L. Anderson, MMSc, MT(ASCP)
Centers for Disease Control and Prevention
Atlanta, Georgia

Ellen Jo Baron, PhD
Stanford Hospital and Clinics
Palo Alto, California

Donald R. Callihan, PhD
BD Diagnostic Systems
Sparks, Maryland

Lynne S. Garcia, MS
LSG & Associates
Santa Monica, California

Richard L. Hodinka, PhD
Children's Hospital of Philadelphia
Philadelphia, Pennsylvania

James H. Jorgensen, PhD
University of Texas Health Science Center
San Antonio, Texas

Michael A. Pfaller, MD
University of Iowa College of Medicine
Iowa City, Iowa

Robert P. Rennie, PhD
University of Alberta Hospital
Edmonton, Alberta, Canada

Thomas R. Shryock, PhD
Elanco Animal Health
Greenfield, Indiana

Jana M. Swenson, MMSc
Centers for Disease Control and Prevention
Atlanta, Georgia

Melvin P. Weinstein, MD
Robert Wood Johnson University Hospital
New Brunswick, New Jersey

Matthew A. Wikler, MD, MBA, FIDSA
Pacific Beach BioSciences, Inc.
San Diego, California

Gail L. Woods, MD
Central Arkansas Veterans Healthcare System
Little Rock, Arkansas

分枝杆菌感染实验室诊断分委会

Betty (Betz) A. Forbes, PhD, D(ABMM)(主席)
Medical College of Virginia
Richmond, Virginia

L. Bruce Elliott, DrPH
Austin, Texas

Geraldine S. Hall, PhD
The Cleveland Clinic Foundation
Cleveland, Ohio

Bruce Hanna, PhD
New York University School of Medicine
New York, New York

Mark D. Perkins, MD
Foundation for Innovative New Diagnostics (FIND)
Geneva, Switzerland

Salman H. Siddiqi, PhD
BD Diagnostic Systems
Sparks, Maryland

Nancy G. Warren, PhD
Pennsylvania Bureau of Laboratories
Lionville, Pennsylvania

顾问
Niaz Banaiee, MD
NYU School of Medicine
New York, New York

Kathleen G. Beavis, MD
Cook County Hospital
Chicago, Illinois

Barbara A. Brown-Elliott, MS, MT(ASCP) SM
University of Texas Health Center at Tyler
Tyler, Texas

Phyllis Della Latta, PhD, MSc
Columbia University Medical Center
New York, New York

Richard J. Wallace, Jr., MD
University of Texas Health Center at Tyler
Tyler, Texas

工作人员

Clinical and Laboratory Standards Institute
Wayne, Pennsylvania

Lois M. Schmidt, DA
Vice President, Standards Development and Marketing

Tracy A. Dooley, BS, MLT(ASCP)
Staff Liaison

Melissa A. Lewis
Editor

目录

摘要	i
委员会成员	iii
前言	vii

1 范围 1
2 安全和标准防护措施 1
   2.1 风险评估 1
   2.2 生物安全—1级 1
   2.3 与分枝杆菌学相关的生物安全说明 2
3 实验室级别及相应的技术 4
4 分枝杆菌的临床意义 5
   4.1 临床环境 / 致病性 6
   4.2 实验室指标 7
5 标本类型、收集、运输和储存 8
6 标本处理 12
7 检测分枝杆菌 13
   7.1 镜检 13
   7.2 临床标本中 MTBC 的直接检测方法 - 核酸扩增检测（NAATs） ... 17
   7.3 培养检测分枝杆菌 20
8 菌种鉴定 28
   8.1 表型方法 28
   8.2 基因型方法 37
   8.3 利用免疫层析法快速鉴定结核分枝杆菌复合物 39

参考文献 41
附录 A 最终准则，交通运输部 (Department of Transportation，DOT) 管道和危险材料安全管理局，危险材料：传染物；与联合国推荐标准一致。2006.06.07 46
附录 B 消化和消毒方法 49
附录 C 染色步骤 53
附录 D 质控菌株的制备和储藏 56
附录 E 生化程序 57
代表意见和委员会答复的总结 60
质量管理体系路径 69
CLSI 相关参考资料 70

前言

从全球范围来看,结核病问题的分量很严重,全世界大概有 1/3 的人,约 17 亿人感染结核分枝杆菌。另外,每年约有 270 万人死于结核病,很令人震惊。在过去 10 年中,由于直接观察治疗－短期疗程的实施,在结核病控制方面取得了很大进步。然而,据世界卫生组织(WHO)估计,如果未来 20 年中结核病控制措施未能实施,将会有 20 亿新发结核感染患者。此外,在过去 10 年中,不仅世界范围内结核病的问题未得到解决,非结核分枝杆菌的感染率也在急剧增加。1975 年分枝杆菌属基因组包含大约 30 种;30 年过去了,现在该种属包括 120 多种。由于新的分枝杆菌表型和基因型实验室诊断方法的出现,导致许多新种属的发现,而这些种属用 Runyon 分类目录表中列出的传统表型特征是无法鉴定的,这给临床分枝杆菌学实验室进行分枝杆菌病的及时、快速诊断提出了挑战。

临床微生物实验室在基层医疗和公共卫生机构中扮演重要角色。很明显,分枝杆菌实验室诊断—尤其针对结核分枝杆菌——即使具备优势的管理和合理的,针对结核病传播的感染控制和公共卫生的措施,也必须对分枝杆菌实验室诊断进行优化和快速推广。必须意识到实验室方法越来越复杂,以及对于实验室其他方面的重要需求,例如出具报告,M48 改进并为临床分枝杆菌实验室提供了统一的指导方针,例如对于环境的重要需求,分枝杆菌感染诊断需要的最优化途径。本文中提到的安全是作为重要一方面来阐述的,特别是对于分枝杆菌实验室更为重要。实验室服务水平依参考水平来制定,需要意识到许多实验室未能掌握分枝杆菌感染优化的实验室诊断方面的技术和资源。从临床标本中成功分离分枝杆菌的关键取决于不同标本类型,采取相应的合理的收集、运输和储存方法,已在本文的表格中详细列出。标本处理的最佳方法、直接检测及分枝杆菌的培养,也列在其中;还涵盖了污染和质量控制方面的重要实验室问题。最后阐述了结核分枝杆菌鉴定的表型和基因分型方法。虽然文中主要集中在对结核分枝杆菌感染诊断,但对非结核分枝杆菌的临床特征、直接检测、培养鉴定的最佳实验室方法进行了详细说明。由于任何已有的分离自患者标本中的非结核分枝杆菌,对于临床的意义不仅取决于分枝杆菌种属潜在致病性及其被分离出时所在的临床环境,上述这些问题及关于分离株的临床特征的因素,也都在其中阐明。

关键词: 抗酸杆菌   分枝杆菌   非结核分枝杆菌(非结核分枝杆菌)   结核病

分枝杆菌实验室检测和鉴定；批准的指南

1 范围

结合传统的和较新的方法分离和鉴定分枝杆菌，明显影响了分枝杆菌疾病患者的管理，有利于阻断结核病的传播。尽管高灵敏度和快速检测具备显著优势，但是临床实验室还应考虑最优方法及不同方法的组合。作为实用操作性很强的文件，本文件旨在为可疑分枝杆菌感染患者整个检测过程提供指导，其中提到了收集、保存和临床标本的运输。文中制定了显微镜和扩增技术直接检测分枝杆菌的步骤，临床标本中分枝杆菌优化的复苏方法，还有传统的（表型的）和优化的（表型的和基因型的）实验室方法。分枝杆菌敏感度检测在 CLSI/NCCLS 文件的 M24 部分提到。

本文件中的很多部分，尤其是关于鉴定方法，与工业化国家的分枝杆菌实验室整体服务相一致。但是我们需要意识到，不同实验室提供的服务与当地现状和资源是相适应的。许多疾病流行的国家，经质量控制的直接痰涂片显微镜检测，此方法优于许多本文中提到的依赖设备和试剂的方法联合。此类实验室的附加信息，可在世界卫生组织（WHO）（www.who.int）和国际防癌和肺部疾病联合会（www.tbrieder.org）网站找到。这些指导方针提供给许多国际性实验室，包括正在提供的和计划提供的，如除了显微镜检测以外，固体培养基培养或结核分枝杆菌复合群（MTBC）快速检测方法。

2 安全和标准防护措施

2.1 风险评估

需要实验室主任通过与临床环境感染控制委员会和国家结核病实验室商讨，对分枝杆菌实验室进行何种类型的实验操作之前，进行相关风险评估。需要考虑将暴露于结核分枝杆菌的风险最小化，包括标本检测时的剂量、提供结核病诊断的服务水平、实验室设计、结核病的流行、耐多药结核病率、实验操作过程中是否产生气溶胶及各步骤产生的频率。尽管破损皮肤直接接触可以造成结核分枝杆菌感染，但感染性气溶胶也不可忽视，尤其实验室人员感染的风险最大。除了评估实验操作过程中气溶胶化的风险，实验室管理员还需要对实验室工作人员进行安全工作操作、工程控制、个人防护装置（PPE）使用的培训，以降低气溶胶和实验室获得性感染的风险。

2.2 生物安全——1 级

防止绝大多数实验室获得性感染的指南，由联邦卫生与公共服务部、疾病预防控制中心和国立卫生研究院联合制定的。指导方针中列出了针对人类的感染性试剂共 11 种，包括微生物实验操作、实验设施和安全防护设备，被分为 4 个级别的实验室操作生物安全防护水平。

进行临床标本分枝杆菌检测过程中，易产生气溶胶，因此需生物安全 2 级（BSL-2）实验室对应的操作和实验规程、基本设施、安全、容量设备及和设施（二级防护）。BSL-2 实验室标本是建立在 BSL-1 标准之上。若进行 BSL-2 实际操作时，有些基本要求，包括标准微生物操作，人员生物安全培训（如安全预警、暴露预防、紧急预警）和处理致病性试剂；只有达到实验室准入/培训要求的人员才能进入实验室；合理的生物危险标志信息（如试剂名称，实验室检查员的名字、电话，生物安全水平，所需的防护和实验室的任何操作规程）；针对实验室工作台面、喷溅的感染性物质、污染器皿，进行感染性废物处理及去污的生物安全操作规程；每年一次的结核菌素试验或γ-干扰素释放试验以及处理突发事件或暴露于感染性物质的事件需立即报告给实验室主任，并进行随访的规程。BSL-2 实验室应具备相应的基本防护和安全设施，包括在进行感染性试剂实验操作时，可能喷溅或产生气溶胶，需在Ⅰ级或Ⅱ级生物安全柜（BSC）中进行，同时配备相应的防护措施（一次性防护手套、外衣及面部防护）。最后，除生物安全Ⅰ级防护中提到的长凳和沉降槽外，Ⅱ级防护还需具备高压蒸汽灭菌，门上锁，独立于一般的交通模式和公共区域的分枝杆菌实验室，具备洗眼站，合理的实验室器具和容易清洁和去污的设计，以及便于整个实验室废物处理的方法。

3 级生物安全实验室（BSL-3）的操作和设施用于更高风险的实验室检查。这类实验室可处理分枝杆菌培养物标本、传代和对结核分枝杆菌复合群（MTBC）培养物进行手工操作。BSL-3 的操作除了包括 BSL-2 的全部操作外，还有质量控制、所有废弃物的去污及实验室工作服洗涤前的去污。此外，BSL-3 基本防护和安全设施，包括 2 级生物安全标准规定的 BSCs 的使用或其他的保护工作人员的容器装置，所有试剂的操作和个人防护装置（实验室工作服、手套和必要的面部防护）和必需的呼吸道防护。最后，BSL-3 的防护，包括 BSL-2 级标准，以及分枝杆菌实验室使用走廊通道的隔离、密封的双门通道、废气的非循环使用和负压气流进入实验室。

除了之前讨论的 CDC 文件，很多其他资源也在讲生物安全。大部分常见问题在 CLSI 的 M29 文件中提到过。一些其他的，比如加拿大感染性微生物物质安全数据表（www.phac-aspc.gc.ca/msda-ftss/index.html）、加拿大实验室生物安全指南、WHO 生物安全手册（http://www.who.int/csr/resources/publications/biosafety/WHO_CDS_CSR_LYO_2004_11/en/index.html）、美国生物安全协会（www.absa.org/resriskgroup.html）及欧洲生物安全协会（http://www.ebsaweb.eu/Links.html）。值得注意的是，由于很多国家和行政区有不同的生物安全规定和设计，所以实验室必须意识到，根据实验室的实际所需，对实验操作进行相应的补充。

2.3　与分枝杆菌学相关的生物安全说明

对绝大多数实验室来说，实验人员的行为和实验操作应与预计风险水平相匹配。然而，近来微生物学家在设计实验室操作规程时，较少依赖微生物的严格分类，从而把不同风险水平的微生物的防范和安全操作混合到一起。并非所有的实验室都具备 BSL-3 级实验设施，因此，一些实验室可能考虑使用较高水平安全操作的 BSL-2 级防范。然而，与 MTBC 接触的实验室工作人员，结核病的发病率是非接触者的 3 倍，因为在实验室里，低感染剂量结核分枝杆菌（即 $ID_{50}<10$ 杆菌）通过传染性气溶胶传播，另外所有实验室的情况不尽相同，这种做法是不推荐的。在大多数情况下，按照 BSL-2 实验室的标准，能处理足够多的分枝杆菌样本的涂片和培养（即准备和染色涂片以及接种和温育培养）。相比之下，结核分枝杆菌的传代培养以及包括分枝杆菌鉴定和药敏试验的操作，则需要 BSL-3 实验室的操作规程及相应的设备和设施。在资源有限的地区，管理部门必须进行风险评估和前面讨论的生物安全标准，在必要时或根据当地的生物安全建议作出修改。

制备浓缩涂片的许多步骤，都可以生成气溶胶。因此，在分枝杆菌实验室里，最重要的是维护良好和正常运行的生物安全柜。尽管在分枝杆菌实验室可以使用Ⅰ级或Ⅱ级生物安全柜（BSCs），但大多数实验室采用的是Ⅱ级 BSC。这种生物安全柜通过空气的垂直层流，通过高效空气过滤器（HEPA），从而有效过滤工作区的空气；能保护工作人员处于 BSC 入口高通量空气流中，使有危害的试剂停留于 BSC 内，并通过废气过滤器，防止污染环境。应培训专业技术人员如何清洁生物安全柜及如何充分利用安全柜台面，使空气流通不受影响。

技术人员也应该意识到BSL-3实验室的空气流通，并通过某种方法来检测的室内空气压力低于邻近地区。如果负压消未而没有报警，那么应该定期检查烟管或鼓动纱窗。此外，应定期检查气流，并且BSC应至少每年由经过培训的专业人员重新认证。

应在BSC内填注和打开离心管。怀疑含有分枝杆菌的标本必须在能防护气溶胶的离心机内离心，打开离心机盖后，需在BSL-3级实验室的BSC内对离心管进行处理。在长期离心过程中，需要处理分枝杆菌标本离心管塌陷和管帽破裂造成样本的泄漏。在BSC内打开离心筒能保护技术人员免受可能由破裂或发生泄漏的离心管产生的气溶胶的危害。标本处理的操作步骤，如漩涡震荡或超声分裂菌体，均可产生气溶胶，因此这些步骤都应在BSL-3级实验室的BSC内操作，若没有BSL-3级实验室，则在浓缩涂片时加入等体积的5%次氯酸钠，处理15 min以消除分枝杆菌，再进行离心。

应该在BSC内对浓集的液化标本进行抗酸杆菌（AFB）涂片和干燥。尽管通过玻片固定，但微生物在干燥和加热的玻片上依然可以存活，但气溶胶不再构成威胁。对活的培养物或者对怀疑含MTBC的样本进行鉴定或药敏检测时，应该在BSL-3级实验室的BSC内操作。

在实验室工作完成后，打开紫外线（UV）灯不少于1 h，这是因为紫外线光穿透力弱，易被油脂油脂和灰尘等物质阻挡，并且紫外线灯泡需要经常用酒精浸泡过的纱布和干布或尘拂清洁，杀菌效果每3个月检查一次，因为紫外线灯在停止工作前，其杀菌效果已丧失。虽然对BSC内是否需要紫外灯这个的问题还有争论，但如果维护得当，紫外线不失为一种有用的保护手段。

对培养物或标本所有的操作，工作人员都应该穿防护服，戴手套及面部防护。此外，在操作可能会在BSC外产生气溶胶的实验室步骤时，必须使用呼吸保护装置。在分枝杆菌实验室里，呼吸保护的最低水平是使用口罩，这种口罩应有美国国家职业安全及健康研究所（NIOSH）认证的N系列过滤器，有95%的效率等级（N-95）。对面部毛发和（或）个人的眼镜或者不能戴口罩的个人进行保护时，可以使用动力空气净化呼吸器（PAPRs）。除了按照操作规程使用呼吸器，实验室人员需要和其他医护人员一样通过培训和适合测试。

分枝杆菌BSL-3级实验室泄漏的情况包括BSC内、外的泄漏，以及实验室外活菌物质的泄漏。对于BSC内的泄漏，应该让BSC继续运行，同时使用消毒剂。当清理泄漏物时，先使用纸巾或报纸进行吸附，再使用消毒剂，避免直接使用消毒剂时产生气溶胶，并防止泄漏物进一步蔓延。消毒剂最好能接触泄漏物铺洒的边缘至少20 min，之后再移除至高压蒸气锅处理。当标本在BSC外、BSL-3级实验室内泄漏时，实验室工作的人员应该立刻离开最少1.5 h，等待气溶胶自然沉降。清理泄漏物的工作人员个人防护装备中应该有呼吸系统防护。如果泄漏不是发生在BSL-3级或负压实验室，应考虑在实验室人员撤离后立即清理泄漏物，不需等待气溶胶沉降。清理人员首先应该具备足够的个人防护装备。普通实验室的生物安全操作不在本文描述的操作细节范围之内，请参考前文提到的文件（见2.2和2.3）

由于负压实验室外的泄漏更危险，所以重点应放在预防此类事故发生。活菌运输时应放置在不可能发生泄漏的容器中，如果活的感染性物质需要从实验室运输出去时，这类物质应该被放在一个密封、防泄漏的容器中，可以容纳泄漏物和气溶胶。BSL-3级实验室的废弃物在运至实验室外之前，应该去除废弃物的感染性。

应当从开始就持续不断地对所有卫生保健设施进行风险评估，以预防结核分枝杆菌的传播[2]。结核病的风险评估，决定了管理的、环境的和呼吸系统防护的类型，以防止结核分枝杆菌的传播。对于结核分枝杆菌传播风险评估在中等以上的实验室，进行MTBC实验室诊断操作或处理经常分离出MTBC的样本的技术人员，应每年进行结核分枝杆菌感染的检测；有记录在案的证明文件或发生MTBC暴露风险的实验室事件时，需要增加检测的频率。

3 实验室级别及相应的技术

分枝杆菌病的快速实验室检测，特别是结核病，对于患者疾病诊断和治疗，以及实施感染控制措施和病例发现都至关重要。实验室服务水平是由疾病预防控制中心、美国胸科协会（ATS）和美国病理学家协会（CAP）颁布的，这些服务水平的制定是基于实验室本身的标本工作量、人员的专业知识和成本效益。所有实验室必须参加由联邦和各州的监管机构批准的外部能力测试计划。下表列出的是Ⅰ级到Ⅲ级实验室技术水平制定的参考指标。

程序	服务水平		
	Ⅰ	Ⅱ †	Ⅲ
抗酸涂片	是	是	是
培养	否*	是	是
结核分枝杆菌复合群的鉴定	否*	是	是
非结核分枝杆菌（NTM）的鉴定	否*	否	是
结核分枝杆菌复合群的药敏	否*	是	是
非结核分枝杆菌的药敏	否*	否	是

* 发送至合格的参比实验室进行分析。
† Ⅱ级技术水平的实验室具有鉴定结核分枝杆菌复合群的能力；然而，有些实验室在操作的敏感度方面不太熟练，在这种情况下，这些实验室委托参比实验室对分离的结核分枝杆菌复合群行敏感度检测

Ⅰ级技术水平的实验室负责采集并运输标本至参比实验室，由参比实验室对这些标本进行后续的鉴定和敏感度检测。此类实验室可以操作抗酸快速染色，但在进行抗酸染色前需用与抗酸染色标本等体积5%的次氯酸钠溶液（未稀释的家用漂白剂）至少处理15 min，后将处理过的标本移至无菌离心管，3000 g 离心15 min，然后在开放的工作台上进行染色。为了保持Ⅰ级技术水平实验室工作人员操作的熟练度，每周至少应制备15份标本，并且用AFB方法检测。
Ⅱ级技术水平实验室，除了具备Ⅰ级实验室的操作内容，还需要对MTBC进行培养和鉴定；此级实验室也可以进行MTBC的敏感性检测。而Ⅲ级技术水平的实验室还需对NTM进行鉴定和敏感性检测。Ⅱ级实验室每周至少处理和培养15份标本，才能获得相应的资质，而Ⅲ级实验室除了执行Ⅰ级和Ⅱ级实验室操作内容外，还需对全部的分枝杆菌标本进行鉴定和敏感性检测。

随着快速分子技术的问世，目前指定的服务水平在不久的将来可能需要修订。

缺乏相应技术和资源的实验室应当使用参考的设施，以避免影响快速的周转时间。参照标本应当与实验室具备的技能水平相当，并且必须遵照当地和国家的规章条例。许多实验室缺乏专业知识，以确定所有分枝杆菌菌种的水平，一般建议对极少进行的检测可适当使用参比实验室。

质量参考中心的选择标准应根据设备的能力进行确定，以收到标本后 24 h 内提供准确的 AFB 涂片结果，并在最短时间内提供结果，快速检测技术为实现最短周转时间提供了基础。为了优化快速检测、鉴定和药敏试验，公共卫生实验室协会建议使用快速跟踪参考模型系统。医疗中心与公共卫生部门的合作，将确保国家的最先进技术的充分使用（这些是私人医疗中心无法提供的）和结果的及时报告，以跟踪和指纹识别 MTBC 株。通过网络系统方法，可以优化信息交流。

4 分枝杆菌的临床意义

NTM 株分离的临床意义是基于多种因素，包括：

- 临床情况和宿主
- 微生物种类和致病能力
- 分离培养的微生物和污染的可能性
- 微生物检测（包括 AFB 涂片）的量化
- 培养阳性数

临床分枝杆菌学的最终目标是支持决策相关的分枝杆菌感染患者的护理。从患者标本中分离出分枝杆菌的临床相对重要性差别很大，此时实验室工作应优先及时鉴定对患者的健康意义重大的微生物。已鉴定的结核分枝杆菌分离株的临床重要性不仅取决于分枝杆菌菌种的致病潜力，而且与其所处临床环境有关。

肺结核是一种人传人的传染病，如果不及时治疗，通常是致命的，全世界每年近两百万人死于该传染病。从公共卫生的角度来看，结核分枝杆菌是目前临床上最常见的分枝杆菌菌种，它的检测应该是临床实验室的首要任务。MTBC 这类微生物不出现在生活环境里，若分离鉴定，除了实验室交叉污染的情况，几乎总是意味着疾病。

牛分枝杆菌是 MTBC 的另一名成员，也可引起人类的肺结核。不像结核分枝杆菌仅在人与人之间传播，几乎不在动物之间传播，牛分枝杆菌有着广泛的动物宿主，主要导致家养和野生哺乳动物的结核病。牛分枝杆菌也可造成人类的动物源性感染，可通过摄食、吸入传播，少数情况下通过接触黏膜和破损的皮肤进行传播。动物源性感染的结核病与结核分枝杆菌引起的结核病在临床病理上难以区分。由于引进了牛奶的巴士消毒法，并对奶牛进行大规模地检测以排除感染，使得发达国家人牛分枝杆菌病的发病率大大减少，但它在世界某些地区仍是重要的人畜共患病和公共健康问题。在工业化国家中，牛分枝杆菌被关注的主要原因是其在家养和野生哺乳动物之间流行，以及在移民中的隐性感染。此外，卡介苗（BCG），一类牛分枝杆菌减毒活疫苗，将人类免疫缺陷病毒（HIV）感染者和以 BCG 进行免疫治疗的膀胱癌患者置于患播散性结核的风险之中。HIV 感染的婴儿 BCG 诱发的播散性结核的风险是未感染 HIV 婴儿的几百倍。

NTM 也可导致人类的重大疾病。几乎所有这些菌种在环境样品中都有存在，对人类来说它们都是机会性感染的病原体（麻风杆菌，引起麻风病；溃疡分枝杆菌，引起布鲁里溃疡，也可能是天然的人类病原体，很少见到外界疾病流行地区）。这意味着临床医生最终确定一个分枝杆菌分离鉴定的意义，考虑其检测的临床环境（包括病人的免疫力和样品采集的部位，以及实验室指标，如分离的数量和频率等因素）以确定是否进行必要的药物治疗或其他护理。 M. 杆菌副结核亚种，引起牛的 Johne's 疾病，是近亲鸟亚种分枝杆菌原虫猪。这些生物体与克罗恩病和其他炎症性肠病有关，但其因果关系尚未建立。

4.1 临床环境／致病性

那些致病性的病原体，即结核分枝杆菌，除了在实验室被污染的情况，总有着重要的临床意义。环境中的其他分枝杆菌菌种，如自来水和土壤来源的，从临床标本中的复苏并不总是疾病的病因，所以，需要从病人的年龄、身体条件、诱发情况、免疫状态和疾病类型等因素分析分枝杆菌分离鉴定的临床意义。

通常情况下，HIV 感染、糖皮质激素或肿瘤坏死因子（TNF）抑制剂（如英夫利昔）等药物所致的免疫抑制，可大大提高临床标本中 NTM 的分离率。临床表现（不明原因发热，活检发现的肉芽肿病变等）的存在或缺乏也大大有助于医疗决策有关 NTM 的菌株的相关性。例如，产黏液分枝杆菌在自来水中常见，通常被认为是痰标本中的污染物。然而，若在血液中分离出该菌种，通常表明留置中央静脉导管的患者的指征结核分枝杆菌引起的败血症[16]。因此，分枝杆菌菌株的致病能力、患者的免疫状态，以及细菌学检测的指征都有助于理解培养结果的意义。呼吸系统培养物功能特征的相互作用见图 1。

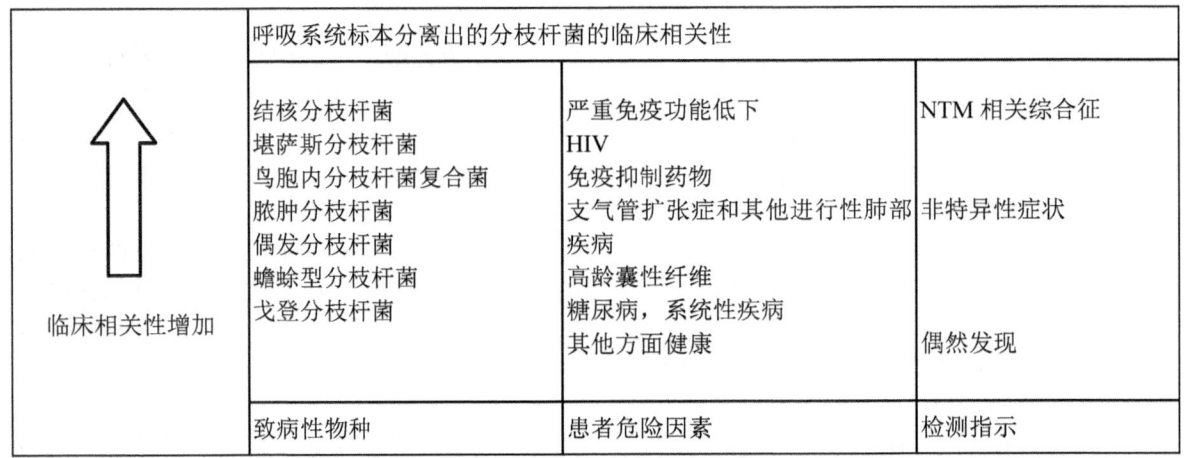

图 1　呼吸系统标本分离出的分枝杆菌的临床相关性

NTM 污染的典型的例子包括从痰的培养物中分离出的戈登分枝杆菌，产黏液分枝杆菌，土分枝杆菌复合菌组。这些物种存在于常见的自来水中，几乎从来没有引起慢性肺部疾病。例如产黏液分枝杆菌，调查发现几乎从一半的美国饮用水和冰的样本均可分离出；少于 5% 的临床分离株被认为有显著的医学意义。同样，戈登分枝杆菌极少与临床疾病有关，几乎仅在严重免疫抑制的患者中发现。最近从环境样品中发现许多新物种，包括 *M. botniense*, *M. cookii*, *M. chlorophenolicum*, *M. frederiksbergense*, *M. hodleri*, 和 *M. murale*，但尚未确定为人类病原体。*M. celatum* 可经常从被认为是非临床环境中分离出来，尽管它的致病能力强于许多 NTM 菌种，尤其是在获得性免疫缺陷综合征（AIDS）患者中体现得更充分。

有些菌种与特定疾病综合征相关，它们被分离的部位很特别。表 1 列出了分枝杆菌菌种和它们所处临床条件，在特定临床条件下，这些菌种有重要的致病作用。

表 1 分枝杆菌菌种和其临床条件

NTM 种	临床环境	样本	参考文献
脓肿分枝杆菌或鸟分枝杆菌复合菌群	囊性纤维化 (CF) 或老年白人妇女支气管扩张	呼吸道	19,20,21,22
偶发分枝杆菌	食管贲门失弛缓症和慢性反流，或矿物油的摄入史	呼吸道	19,20,21,22
海分枝杆菌	接触鱼缸或暴露海水所致肢体病变	活检/针吸	23
堪萨斯分枝杆菌或鸟分枝杆菌复合菌群	毛细胞白血病，晚期 HIV 疾病	血液、骨髓	24
龟分枝杆菌，脓肿分枝杆菌或嗜血分枝杆菌	长期服用免疫抑制药物（如糖皮质激素）所致的弥漫性皮损	活检/针吸	19,25
龟分枝杆菌，产黏液分枝杆菌，偶发分枝杆菌，脓肿分枝杆菌	中央静脉导管、假肢设备、手术伤口、注射部位或其他局部创伤	活检/针吸	26

虽然 MTBC 的分离一般能够确诊疾病，但当分离株是卡介苗时就无法确定了。尽管 BCG 的分离有时能提示疾病，例如从接种 BCG 导致的播散性 BCG 感染的免疫抑制患儿的血液或活检组织中分离出[33]，或者在 BCG 进行免疫治疗的膀胱癌患者的尿液培养中偶然发现时，就无法确定。像这些接受 BCG 治疗的一小部分患者，他们的膀胱内被灌注活的 BCG，BCG 可能导致他们患局部甚至是播散性的结核[36-37]。然而，这类患者中 95% 并没有严重的不良反应，而且从尿液中分离的 BCG 也没有显著临床意义。不建议在这种情况下进行分枝杆菌的常规尿培养。

4.2 实验室指标

4.2.1 菌量

细菌量或分枝杆菌感染的量通常由显微镜下临床标本的染色涂片上生物体的数量来反映。通常来说，痰涂片检查阳性表明每毫升至少有 104 个细菌。结果（1+ 到 4+）的评级越高表明细菌的浓度越高。AFB 涂片阳性的呼吸道样本几乎都有显著的临床意义。环境的污染，通常只有少数生物，几乎从来没有导致 AFB 涂片阳性的结果。培养比显微镜观察更敏感，可鉴别少量的微生物体。作为一项规则，只有少数 NTM（例如，仅在液体培养基中生长）的分离，减少临床意义的可能性。然而，这个标准应谨慎使用，并需要考虑其他因素，包括患者的状态和临床环境，尤其是当评估标本不是痰标本时。先前由 ATS 推荐（1997 年），以及 2007 年更新的半定量方法记录固体培养基培养结果，可能有助于澄清分枝杆菌的菌量，可以用来指示培养结果的临床相关性。英国胸科协会的推荐还敦促考虑将细菌生长的程度和分离次数作为 NTM 恢复至健康的相关指标。

4.2.2 培养阳性数

正如在临床样本中看到的细菌浓度可指示与疾病的相关性，分离的频率也是如此。早期（1997 年），ATS 关于 NTM 的声明中建议 3 次阳性的痰培养诊断 NTM 的肺部疾病。由 NTM 引起呼吸系统疾病的患者，他们能够咳痰，几乎无一例外地有多个阳性培养结果。单一 NTM（假设有多个培养物）阳性的培养结果应谨慎判读，并需要考虑先前讨论的其他因素，包括标本类型和临床环境[26]。呼吸系统来源的单独阳性培养物有些情况下可以说明真正的NTM病的发生，比如，当生物体从支气管肺活检、支气管冲洗液或从含大量分枝杆菌痰标本分离出时。此外，通常若血液，脑脊液（CSF）等无菌部位的培养阳性，则认为有足够证据支持临床诊断。2007年ATS指南建议2个阳性的痰培养或1个阳性的支气管培养就可微生物学确诊NTM病。

4.2.3 混合培养

有时，不止一种分枝杆菌可从临床样本中恢复。在某些情况下，如脓肿分枝杆菌和鸟分枝杆菌复合菌组从支气管扩张患者分离出，这可能反映了这两个物种的临床意义上的相关感染。在其他大多数情况下，同时分离出一种以上的NTM时，意味着缺乏意义，因为其中的 M. branderi 可从支气管灌洗标本中培养出，而鸟分枝杆菌复合菌组也可从其他呼吸道样本中分离出[41]。然而，有时难以确定临床意义，但可能有另一种并发的致病性分离菌种。Tortoli 曾报道一个新近被描述的NTM的菌种，M. doricum，分离自明显症状的脑膜炎患者的血液中[18]。

总之，单靠分离培养对NTM疾病进行诊断是不够的。涂片和培养的结果，以及它们阳性的程度和频率，都必须考虑患者的临床状况，并结合临床、影像学和组织学因素。我们在这强调所有参与病人护理的医护专业人员之间需要互动和合作。

5 标本类型、收集、运输和储存

分枝杆菌可感染局部或全身，因此，各种样本，包括身体的分泌物、渗出物、组织或体液，选择适宜的标本进行化验分析。若分析标本确定分枝杆菌的存在，那么就有后续的细菌鉴定和合适治疗药物敏感性的检测。实验室检测的准确性直接与样本的质量相关。正确地收集、标记、运输和储存样本有助于得出准确的结果。

每个样本必须标记准确的名称和识别号码（出生日期，入院编号，患者识别器等，以便医院追踪患者），实验室也需要这些信息。在美国，临床实验室改进修正案（CLIA）规例要求实验室准确地与将患者与样本匹配，否则认为样本是不合格的。

样本的运输需要使用防漏容器，并外包防漏无菌塑料包，严格遵守安全规程。表2是推荐的收集，运输和储存标本规程。运输设施以外的标本，见附录A或从参考下方网站引用。正确处理这些标本，应将样本及时送到实验室。

美国以外的区域应该与他们的地方官员联系，因为关于样本和（或）培养物运输要求的地方性法规比较复杂性或缺乏相关法规。良好实验室操作规范，能减少或消除临床标本运输过程中暴露的风险。强烈建议使用三重容器运送样本。决定如何从患者获得临床样本后送至实验室时，需要考虑几个问题：

- 可靠的运输企业——丢失货物的数量；
- 交货的速度——影响生物体生存能力的延误和患者的管理；
- 运输条件——影响分离试验的过冷或过热运输条件；
- 样本运输距离——影响生物体的生存能力；
- 运输成本；
- 刚性外包装上除了必要的第一层贮器和二次包装运输的容器（三容器标本容器，防漏中间层，和硬性外填充）符合 UN3373 和其他监管要求的可用性。

2007 年 1 月 1 日起由美国交通部（DOT）根据联合国的分类标准，使用新的术语"生物物质" 对临床诊断标本重新分类，进行监管。基本上，生物物质的装运在外层容器的外面放置了 1 个 UN3373 标签的三重容器；本规例的细节，详见 2006 年 6 月 2 日的联邦纪事和 2006 年 11 月 1 日美国邮政（USPS）。

运输样本到参比实验室时，可以由参比实验室来提供接送服务，通过商业化快递服务完成培养或标本的运输，或通过 USPS 邮寄样本。以下参考条例仅适用于美国国内的生物材料装运，并将感染性物质的运输分为 2 个等级，分别为 A 级和 B 级航运要求，A 级航班运输多种传染性物质，尤其是已鉴定的结核分枝杆菌培养物。USPS 不再接受结核分枝杆菌培养物的运输。

- 美国 DOT，管道和危险材料安全管理局颁布 49 CFR 第 171，172，173 和 175 条（危险材料：传染性物质；与联合国的建议一致；2006 年 10 月 1 日，最终规则 [http://hazmatdot.gov]。详见危险物质州际运输要求的监管）

- 在 USPS（美国邮政管理局 39 CFR 第 111 联邦注册，2006 年 11 月 1 日，71 卷，211 期 64121 - 64125 页）（http://pe.usps.gov/text/dmm300/601.htm#1_0）

- 国际航空运输协会（IATA）有关于其航空公司成员运输生物或传染性物质的要求。IATA 遵照联合国生物多样性和感染材料的分类标准，这些分类详见如下网站。因此，需要空运样本的实验室，应查阅 IATA 的要求（http://www.iata.org/whatwedo/cargo/dangerous_goods/infectious_substances.htm）。

表 2 检测样本的收集和运输

样本类型	说明
脓肿 - 普通或破裂、蜂窝织炎、眼渗出物、组织、皮肤病灶	收集：一般操作，用灭菌生理盐水或 70% 的乙醇擦除表面的分泌物。用 Luer 螺口注射器收集液态脓肿物质和（或无菌操作去除组织。对于开放性损伤或脓肿，尽量从病灶或脓肿的边缘抽吸，再无菌操作去除脓肿。 运输：将收集的液态脓肿物放置于无菌防泄漏的容器，如 50 ml 无菌锥形管。组织浸泡于无菌防泄漏容器中 2~3 ml 的无菌生理盐水里，如 50 ml 的无菌锥形管或无菌的尿液收集容器。尽可能使用商用拭子的运输装置或转移培养基运输标本。不得使用商用拭子标本的时间在 1 h 以上。最好将标本冷藏。 存储：冷藏但不冰冻标本。 备注：组织（至少 1 g，如果可能的话）或液体首选。强烈建议不要用棉签。除非它是唯一可用的标本：将拭子浸于 2~3 ml 无菌生理盐水中。浸于转移培养基的拭子和商业转移运输设备提交的棉签是不可接受的。不要冻结或保留组织。 参比实验室：使用获批准的三重包装冷藏但非冰冻样本，运至参比实验室。
血液	收集：无菌收集 10 ml 血液，或用黄帽的含柠檬酸钠抗凝剂的采集管中，或用绿帽含肝素抗凝剂的采集管，不用红帽的顶管，EDTA（紫色帽），或 ACD（黄色帽）。成人最小量为 5 ml，儿童最小量 1 ml。 运输时间和温度：尽可能保持在室温。 存储：不要冷藏或冰冻血液样本。 参比实验室：使用获批准的血液装运箱运输。
体液：腹部、羊水、腹腔积液、胆汁、胃冲洗或灌洗、关节、穿刺抽液、腹膜腔、滑膜、胸膜腔、胸腔穿刺	收集：无菌收集 10 ml 或更多的体液，盛放于无菌容器中。尽可能多地提供体液，勿提交蘸流体的棉签。 运输设备和（或）最小量：无菌防漏容器，如 50 ml 锥形管或无菌尿液收集容器；体积最小是 10-15 ml。 运输时间和温度：尽可能保持在室温。 存储：冷藏，但不冻结标本。 备注：推荐的液体体积是 15 ml，带血样的标本收集于 10 ml 的黄帽血液采集管。 参比实验室：使用经批准的血液装运箱运输。
骨髓抽取液	收集：准备手术切口穿刺部位，血液采集管、骨髓液收集骨髓液并晨荡混匀 运输设备和（或）最小体积：优先使用 10 ml 黄帽的含 SPS 抗凝剂的采集管，或 50 ml 防漏无菌锥形管，再或无菌尿液收集容器。 运输时间和温度：尽可能保持在室温。 存储：室温，不要冷藏或冷冻血液样本。 参比实验室：使用经批准的血液装运箱运输。另单独收集一份样品，进行化学和血液学分析。
脑脊液	收集：无菌收集脑脊液 2~3 ml。 运输设备：无菌防漏容器，如 50 ml 锥形管。 最少体积量：2~3 ml；最佳液量为 10 ml。 运输时间和温度：尽可能保持在室温。 存储：室温，不要冷藏或冷冻 CSF 标本。 参比实验室：使用冷藏或冷冻的血液装运箱运输。

表 2（续）

标本类型	说明
粪便	• 收集：直接将标本放置于无菌防漏容器。不要使用固定的或活动的载体，不使用防腐剂。 • 运输设备和（或）最小量：无菌防漏容器，如 50 ml 锥形容器或体积少于 1 g 的无菌尿液收集容器。 • 运输时间和温度：尽可能保持在室温。 • 存储时间：如果运输时间超过 1 h，需冷藏标本。 • 副本限制：不要从直肠拭子进行细菌培养。 • 参比实验室：使用三重容器，冷藏运输至参比实验室，但不可冷冻标本。 注：在提交粪便标本前必须事先安排测试实验室相关事宜。不推荐进行结核分枝杆菌的粪便培养。
胃冲洗或灌洗液	• 收集：收集患者早餐前卧床时的胃液，否则分枝杆菌在胃灌洗液中会被立刻杀死。同时用 100 mg 的碳酸钠中和。 • 运输设备和（或）最小量：将灌洗液储存于无菌防漏容器中，如 50 ml 锥形容器。 • 运输时间和温度：使用 25~50 ml 冷的无菌蒸馏水进行灌洗，将灌洗液储存于无菌防漏容器，如 50 ml 锥形管或无菌尿液收集容器。 • 存储时间：如果运输过程超过 1 h，则在 1 h 内用 100 mg 碳酸钠中和。 • 副本限制：样本需立刻处理。 • 备注：一天/连续三天。 • 参比实验室：使用三重容器，冷藏运输至参比实验室，但不可冷冻标本。
呼吸道、下支气管肺泡的灌洗液、刷检或冲洗液、气管内或经气管针吸标本	• 收集：用痰杯收集灌洗液，并将刷检使用的刷置于含有至多 5 ml 灭菌生理盐水的防漏容器中。 • 运输设备和（或）最小量：无菌容器，如 50 ml 无菌锥形管或无菌尿液收集容器；最小液量为 3 ml。 • 运输时间和温度：尽可能保持在室温。 • 存储时间：如果运输时间超过 1 h，则冷藏标本。 • 参比实验室：使用三重容器，冷藏运输至参比实验室，产自鼻下呼吸道标本（无后鼻监液体）。
痰、咳痰或诱导排痰	• 收集：指导患者深咳，用无菌容器收集，勿将脓痰标本混合。 • 运输设备和（或）最小量：无菌防漏容器，如 50 ml 锥形管；最小液量是 3 ml。 • 运输时间和温度：尽可能保持在室温。 • 存储时间：在 8-24 h 内（尽可能在 24 h 内）收集到 3 份连续的标本。 • 副本限制：首选清晨痰。 • 参比实验室：使用三重容器，冷藏运输至参比实验室，但可冷藏标本。
组织/淋巴结	• 收集：手术过程中或体表皮肤活检时，无菌收集组织。 • 运输设备和（或）最小量：无菌防漏容器，如无菌的 50 ml 锥形管。 • 运输时间和温度：尽可能保持在室温。 • 备注：尽可能多地采集组织，并添加 2~3 ml 无菌生理盐水进行运输。 • 参比实验室：使用经批准的血液装运箱运输。
尿液，包括从导管收集的	• 收集：收集约 40 ml 的尿液（不收集中段尿）。首选晨尿。不允许混合尿标本。 • 运输设备和（或）最小量：无菌防漏容器，如 50 ml 无菌锥形管；最小液量是 10~15 ml（最好有 40 ml）。 • 运输时间和温度：尽可能保持在室温。 • 存储时间：如果运输时间超过 1 h，则冷藏标本。 • 副本限制：每天采集 1 份标本，连续采集 3 天。 • 参比实验室：使用三重容器，冷藏运输至参比实验室，但不可冻结标本。

6 样本处理

通常从无菌部位，如针吸体液、血液、骨髓和组织，所得的标本不需要去污步骤，并应直接接种到培养基。通常无菌部位的体液通过离心 3000×g 30 min，再接种到培养基上。组织在接种之前应置于无菌生理盐水或 0.2% 牛血清白蛋白（BSA）中。然而，可能有正常菌群污染的标本，接种前需要消化和净化。此步骤有助于生长速度快的微生物过度生长，并且可以消化粘蛋白，而粘蛋白可以结合任何分枝杆菌，抑制其离开。所有的去污试剂对微生物都是有毒的。然而，我们的目标是抑制正常菌群，而不是分枝杆菌。控制实验室监测标本整体的污染率是很重要的。我们的目标是不降低率为零，因为这将表明分枝杆菌是在净化过程中丢失太多，而在正常情况下，2%~5% 的样本被正常菌群覆盖。如果随着时间的推移污染率超过 5%，去污可能不够，而如果低于 2%，则失去过多的分枝杆菌；氢氧化钠浓度（NaOH）是基于单个实验室的污染率。如果污染率超过 5% 的标本培养 MTBC，在试剂配制过程中，与枸橼酸钠结合前，NaOH 浓度可能会增加至 3% 甚至 4%（表 3）。

表 3 NaOH 的浓度

100 ml 水中加入的 NaOH 的量	NaOH 浓度	添加等体积枸橼酸钠后的 NaOH 浓度	样本中 NaOH 终浓度
4 g	4%	2%	1%
5 g	5%	2.5%	1.25%
6 g	6%	3%	1.5%
8 g	8%	4%	2%*

*注：2% 的 NaOH（终浓度）对结核分枝杆菌是致命的，尤其是在涂片阴性患者。因此，在增加 NaOH 浓度前，实验室正在大力鼓励研究和探索正确的临床和实验室操作问题，解决下述问题：①缺乏对患者适当的收集样本的说明，包括何时以及如何收集样本；②在留存样本和运输过程中缺乏及时的冷藏；③在进入实验室前处理错误，也是样本处理期间样本污染的主要原因。然而，人们认识到，增加 NaOH 浓度的可能是卫生保健系统所面临的重要的、无法纠正的污染问题唯一的解决办法

然而，被正常菌群覆盖的样本比例不应低于 2%，除非实验室特定使用选择性培养基。对实验室监测戈登分枝杆菌意义重大，其经常在水和土壤中被发现。这种微生物可能定植于患者，但是很少被考虑到，因此，如果在平时的发病率基础上有所增加，提示该微生物可能是环境来源。NTM 培养的最佳污染率是未知的。

有多种的标本消化和净化的方法，但有微生物学家之间没有明确的共识，说明哪种方法最合适，因为各种方法都有各自明显的一些优势。最常用的和广泛的首选试剂氢氧化钠，通常与 N-乙酰-L-半胱氨酸（NALC）结合。虽然氢氧化钠单独作为一个黏液溶解剂和洗消剂，终浓度 2% 或以上往往能发挥最高效率。然而，在此浓度下，分枝杆菌毒性可能被过度激活。通过增加 2% 的黏液溶解剂 NALC，痰粘蛋白丰富的痰液被快速消化，可以有效去污，同时 NaOH 的终浓度低至 1%。在一些实验室里，苯扎氯铵、磷酸三钠磷酸、草酸、和氯化十六烷基吡啶也是可接受的。各种方法的列表，请参阅附录 B。

NTM 对 CF 患者的问题越来越严重，在很大程度上，因为这些生物体恢复时，同 CF 患者呼吸道内存在的铜绿假单细菌共同生长，但后者的迅速生长阻碍了共存于 CF 患者呼吸道的分枝杆菌。因此，需要使用特定的净化方法，如两步的 NALC—氢氧化钠—草酸的方法，但是，

这种方法可能会影响分枝杆菌的生存能力,该方法对 CF 患儿脓肿分枝杆菌的恢复的影响仍未知晓。Ferroni 等[45]研究了 CF 患者呼吸道 NTM 的恢复情况,比较了氯已定去污染和 NALC—氢氧化钠—草酸的方法,结果显示,前者恢复的 NTM 是后者的两倍,但污染率也较高。

标本消化/去污后,离心沉积分枝杆菌。必须密切监测用于样本离心的相对离心力(RCF)。仅仅评估离心转子的速度是不够的,而用 g 作为单位表示的离心力才能真正评估沉积效率。每次离心离心力是唯一的,因为它是一个转子半径和角度的功能,可从公式计算 RCF=1.12 R_{max} 的 $(rpm/1000)^3$,其中 R_{max} 为以 mm 为单位的半径,测量的是放于离心转子从旋转头中心到样本容器底部的距离。通过对超过 14 500 个样本进行回顾性研究时发现,当沉积时 RCF 从 1260×g 增加到 3800×g 时,发现抗酸涂片和培养的敏感性提高。在后续研究分离标本时,发现当离心力从 2074×g 增加到 3005×g 时,检测的敏感度增加,然而增加到 3895×g 时发现,敏感度没有进一步增加。推荐的最小离心力是 3000×g 离心 15 min。

最后要注意,标本的处理过程中要格外小心,必须采取防止标本之间的交叉污染,这可能导致假阳性的培养结果。关于尽量减少实验室交叉污染方法的讨论,请参见 7.3.7 节。

注释:标本离心过程中的温度应在 20℃或更低进行,并可能需要冷冻离心机[43]。

7 检测分枝杆菌

7.1 镜检

镜检抗酸杆菌染色的涂片是一种首选的、易行的、最廉价的和最快速的方法,用以检测临床样本和培养物中的分枝杆菌的存在。易于制备、设备容易获得使得这项技术在大多数地区更容易实施。

抗酸依赖于细胞壁的组成和完整性,几种染色方法均能显示这种特征。最常用的方法包括溶解在苯酚里的初始染色液,这样有助于染液渗透到分枝杆菌的细胞壁,使用盐酸乙醇进行脱色,复染提供了镜下读片时的背景对照。有两种基本的技术存在 - 明视野和荧光显微镜,与染液和设备相关。一旦染液渗透到细胞壁,很难从细胞壁去掉,即使应用无机酸也洗脱不掉;因此,称之为抗酸。染色程序参见附件 C。抗酸染色涂片可以快速诊断有高度传染性的有空洞的患者。其他患者,如没有空洞病变、HIV 阳性或是在疾病早期,痰标本中经常没有足够的细菌可以被抗酸染色涂片检测到。

7.1.1 抗酸镜检的生物安全

处理感染性试剂时的标准化的生物安全措施应该体现在所有的样本处理和培养操作均应该在生物安全柜内。最重要的过程就是阻止和减少制备涂片过程中气溶胶的产生。在偏远地区或基层医院,往往不能获得理想的通风和设备,必须采取其他的替代措施。如果没有生物安全柜,需要安排有利于工作人员的定向气流是有用的措施,即气流从工作人员到标本再到室外。未染色涂片应该小心处理,因为还有可能存在活菌。

7.1.2 涂片制备

最好从液化、去污、离心的样本沉淀制备涂片。如果样本不进行培养,氢氧化钠溶液可以用于液化痰标本，同时杀死所有的微生物，或者，如果不能进行离心，可以直接涂片[48]，但是 AFB 数量少时可能不够敏感[49]。如果使用此种方法，选择性取组织、脓液或干酪性物质的一部分直接制备涂片。建议制备涂片时，先以细胞离心器法离心，然后，行 Kinyoun 染色，可以快速得到结果，降低实验室获得性感染的风险[50]；然而，细胞器离心会增加成本而仅仅轻微增加有效率[50]。还有报告指出，使用荧光染色或许有一些优势，但也要注意成本的增加[51]。

在脑膜结核发病率低的国家，脑脊液涂片可能只有少量 AFB。在标本数量有限时，优先考虑培养。脑脊液中蛋白质和葡萄糖水平可以提供补充信息，如蛋白质水平轻度升高、低葡萄糖是典型特点。为了增加少量 AFB 的检出性，可尝试 CSF 标本分层法。

1. 将 CSF 在 $3000\times g$ 条件下离心 15 min，产生或不产生明显的沉淀物。
2. 从离心机中取出离心管时，注意不要破坏沉淀。
3. 不能移除上清液。
4. 穿过上清液，插入一个小头移液管直至离心管底部。
5. 小心吸取约 0.2 ml 标本沉淀，避免搅动上清液。
6. 将一滴标本沉淀加至干净的玻片上，空气干燥。
7. 随后在第一滴沉淀物上加一滴沉淀物，空气干燥。
8. 分层操作重复 4 次。
9. 随后常规染色、读片。

仅可使用新的干净的玻片。重复使用玻片可能存留先前涂片的物质，造成假阳性结果。应标记玻片以保证信息标识在染色时不被冲掉。在毛玻璃端使用铅笔或者在光滑的玻片上使用金刚石刀进行标记是最方便的标记方法；不推荐使用蜡笔，其在后续过程可能被脱掉，造成识别困难，或者在镜检时因人工杂质造成假阳性。

用接种环、拭子涂抹棒和移液器涂抹样本沉淀 $2\ cm^2$ 大小，为避免交叉污染，上述器械考虑使用一次性的，勿再次用于其他标本。从实用角度出发，为了培训新实验室人员，可以在指示纸上画 $1\ cm\times 2\ cm$ 的长方形，将卡片密封在塑料袋内，以其作为展示痰膜大小的模板。

涂片后，自然干燥。然后热固定，在生物安全柜内的 65~75℃加热器上固定至少 2 h。如果没有电子的加热器，可以将涂片置于火焰上以热固定，此时痰膜朝上。要温柔地加热，避免产生气泡，而且要均匀加热，不产生裂痕。热固定不能完全杀灭分枝杆菌，因此痰膜上摩擦产生的颗粒可能成为潜在的污染源。

7.1.3 染色

为了避免一张玻片的物质溅到另一张上，置于液片架上时，每张玻片之间应该分开一定距离。用水冲掉染过的溶液，冲洗时要注意，确保多余的水不会稀释后续步骤的试剂。同样的，不应该用染色缸，染色过程可能造成玻片间的污染。使用自动染色仪器是较好的方法，不会发生一张玻片污染另一张玻片的情况[54]。一个熟练度测试的结果甚至表明 Ziehl-Neelsen 和荧光染色有相似的灵敏度和特异度，两者的表现在检测临床富集样本时都优于 Kinyoun 方法[55]。

如果需要，复红染色的玻片应保存在防尘的盒子内以备后续复检。由于油镜所用的油会脱掉杆菌的染色，油镜应该使用 xylene-substitute 脱油[48]。荧光染色涂片在长时间保存后荧光信号会减弱。

对于分枝杆菌阳性培养物，应该制备涂片检查污染或细胞形态。此时仅能用复红染色，因为与荧光染色相比，前者的形态和染色特征更加明显。

7.1.4　涂片检查

应该按水平或竖直平行移动的顺序镜检。如果痰膜按照推荐的 2-cm^2 制备，一致和完全覆盖视野是的镜检很容易的。复红染色涂片用明视野显微镜油镜镜检，1000× 放大倍数（100× 物镜，10× 目镜）。荧光染色玻片用荧光显微镜镜检，首先用低倍（250×）镜检，然后再高倍（450×）确认形态，避免因荧光杂质造成假阳性结果。如果 2 cm^2 痰膜在 250× 下镜检，仅需要 30 个视野即可完全覆盖整个痰膜从而报告阴性结果，如果在 1000× 镜下镜检，需要 300 个视野确保痰膜充分检查[48]。重新检查所有阳性玻片是一个很好的习惯。这可以由另外一位人员进行，使用 Ziehl-Neelson 进行重新染色，或是一开始就制备 2 张涂片，1 张用于荧光染色，另 1 张在阳性时用 Ziehl-Neelson 染色。

7.1.5　涂片观察

通过明视野显微镜镜检，AFB 呈棒状、点状或丝状。常见是弯的，并且有深的染色颗粒，呈红色。荧光染色 AFB 呈现相同的形态，但是根据初始染液不同，荧光可以是黄绿或黄橙的。

分枝杆菌（和其他几种细菌，如 Nocardia）呈现出不同的抗酸性，因此涂片镜检不能用于确定分枝杆菌菌种，包括结核分枝杆菌、细胞纤维和食物残渣以及其他物质都可能抗酸染色。推荐为保证镜检的熟练度，微生物学家应该每周至少镜检 15 张。如果工作量少于每周 15 张，应考虑将样本送至其他实验室进行镜检。

历史上，对于尿液样本涂片的结果误读以及检测快速生长分枝杆菌时使用荧光染色方法的表现和可靠性有争议。应仔细检查回顾记录以发现假阳性。分枝杆菌分离率应该随时监测以发现潜在的问题。尿液样本中发现阳性 AFB 可能是重大发现。同样的，也有人报道过快速生长分枝杆菌用荧光染色检查报告假阴性结果。这些或许是样本依赖的现象，医生应该告知实验室如果其怀疑快速生长分枝杆菌[56]。一个大型研究发现肺部疾病高发地区 AIDS 低危人群的样本可能通过荧光染色方法检测到非结核分枝杆菌包括脓肿分枝杆菌。

7.1.6　质量控制和监测

每批操作以及使用任何新试剂时，要已确定的阳性和阴性涂片。涂片可以提前制备，热固定，不染色然后储存在冰箱内的密闭玻片盒内直至需要时取出。最好使用临床样本沉淀制备质控品，但如果不可行，可用戈登分枝杆菌混悬液制备阳性质控品，大肠埃希菌制备阴性质控品。

为确保样本处理和痰膜制备的水和液体试剂没有被分枝杆菌污染，从而造成假阳性结果，可将酵母作为 AFB 捕获剂使用。接种酵母的液体离心，Ziehl-Neelsen 或 Kinyoun's 方法染色沉淀可以检测一些可能造成假的涂片结果的分枝杆菌[58]。

应该定期地检查记录复阅涂片结果：①整体评价阳性涂片和阴性涂片数量，与检查人群相关联；

②不同患者持续的阳性涂片；③培养失败的涂片阳性样本；④固体培养基培养菌落数大于等于 2+ 的涂片阴性样本。

7.1.7 涂片结果报告

涂片制备、染色、镜检、结果报告应在接收样本起 24 h 内完成。表 4A 是 CDC 推荐的标准报告 AFB 平均数量的方法，而表 4B 是 WHO 推荐的标准方法[59]。表 5 列出与了假阳性或假阴性原因和纠正措施。

表 4A　CDC 推荐的临床样本报告 AFB 数量的方法

1000× 下 AFB 的数量	结果报告	或者结果报告为	如果在 250× 下计算的结果报告	如果在 450× 下计算的结果报告
0	AFB 阴性	AFB 阴性	AFB 阴性	AFB 阴性
1~2/300 个视野	可见数（重复检测）†	可见数（重复检测）†	可见数（重复检测）†	可见数（重复检测）†
1~9/100 个视野	1+	可见数/100 个视野	可见数/10/100 个视野	可见数/4/100 个视野
1~9/10 个视野	2+	可见数/10 个视野	可见数/10//10 个视野	可见数/4/10 个视野
1~9/1 个视野	3+	可见数/1 个视野	可见数/10//1 个视野	可见数/4/1 个视野
>9/1 个视野	4+	可见数/1 个视野	可见数/10//1 个视野	可见数/4/1 个视野

* 实际数量除以 10，如：250× 100 个视野观察到 300 条 AFB，那么 30/10 = 3 AFB/100 视野，或 1+。
† 视野仅有 1~2 条不能认为 AFB 阳性，但是提示应该收集另一份标本，新标本再做一次涂片

表 4B　WHO 推荐的临床样本报告平均 AFB 数量的方法

1000× 下 AFB 的数量	结果	分级
0/100 个油镜视野 (OIFs)	AFB 阴性	0
1~9/100 个油镜视野	实际条数	记录实际条数
10~99/100 个油镜视野	阳性	1+
1~10/1 个油镜视野	阳性	2+
>10/1 个油镜视野	阳性	3+

表 5 避免涂片假阳性的建议

分类	原因	采取措施
假阳性	旧的玻片，有既往涂片残留的物质	仅使用新玻片
	AFB 由阳性玻片转移至阴性玻片	使用染色架，避免互相接触，勿使用染色缸
	食物残渣	重新收集样本
	染液沉淀	仅使用新配制染液，没有沉淀或污染微生物。如果观察到沉淀，过滤染液
	从物镜上污染 AFB	读完阳性玻片后，用擦镜纸擦掉镜油
假阴性	涂片过厚，染色过程中被冲洗掉	适宜地消化痰标本；避免制备过厚的涂片
	涂片范围过大，痰膜过薄	涂片大小为 2 cm^2 区域
	AFB 没有染色或染色太浅	涂片不要用 UV 照射，不要阳光直晒，涂片固定时不能过度加热；染液应避光保存；水中含氯过多影响荧光染色
	错误的玻片加热温度	染色时，在进行下一步前去掉多余的水，避免稀释染液
	不完善的读片	温度设置在 65℃~75℃，每周监测
		读片采取统一的方式，阅读推荐数量的视野（见正文）

7.2 临床标本中 MTBC 的直接检测方法 - 核酸扩增检测（NAATs）

7.2.1 介绍

临床样本快速检测 MTBC 是有效治疗和管理结核病患者的里程碑，同时作为公共卫生控制措施阻止活动性肺结核的传播。为了达到这个目标，联邦和州相关机构推荐使用核酸扩增试验（NAAT）并且发布了使用的指南[60]。

NAAT 检测 MTBC，如结核分枝杆菌，牛分枝杆菌，牛分枝杆菌卡介苗，M. africanum, M. microti, M. caprae, M. pinnipedii, and M. canettii，可以在几小时内直接检测消化和去污染后的临床样本。商品化的 NAAT 试剂相比实验室自己做的方法有一定优势，如标准化操作程序，不同实验室间重复性高。不同方法使用不同平台，不同的样本量、检测方式和检测方法（表 6）。有报道显示，使用非标准化的实验室自制的方法可以造成假阳性结果，比例可以达到 77%[61]。切记这些方法用来为作为培养的补充而不是替代，因为培养物需要进行后续的药敏试验和菌种鉴定。培养方法鉴定 MTBC 需要 1~8 周，而 NAAT 方法可以在 1 天内获得结果。

1995 年~1996 年美国 FDA 批准了 2 个商品化的用转录介导方法直接从临床样本检测

MTBC 的 NAAT 试剂盒。在欧洲，一种链置换反应和线性探针技术正用于检测涂片阳性样本的 MTBC 检测。每种 NAAT 有不同的扩增方法、靶标、探针和检测形式。敏感度、特异度和阳性预测值已被多个文献报道[62-65]。

7.2.2 NAAT 的优势和劣势

NAAT 主要的优势是快速检测致病菌，从而正确地治疗管理患者，感染控制措施而有效的控制疾病。NAAT 相比 AFB 涂片提高的灵敏度在涂片阴性患者中检测 MTBC 有很重要的临床意义。报道 27% 新感染患者是从涂片阴性患者的传染链获得的[66]。

NAAT 的不足包括缺乏自动化和独立设备，并且需要较熟练的技术和细心的环境清洁以减少扩增子的污染。AFB 阴性样本释放出的未变性核酸的数量通常低于分子的检测限，部分是由于破坏分枝杆菌细胞壁的难度。尽管增加 2 个标本可以增加阳性结果的百分率，但不应预期 NAAT 的灵敏度接近于涂片阳性样本。某些特定人群如合并 HIV 感染者和诊断困难者，这类患者影像学结果往往不典型，呼吸道样本含有很少量 AFB 涂片阳性结果。咨询临床医生和实验室技术人员关于适宜的样本收集方法和样本数量。另外，样本可能存在核酸抑制因子，这可能引起假阴性结果，因此需要增加扩增对照。正因为如此，与依赖培养的方法和临床指征紧密联系对于正确地解释 NAAT 结果非常关键。

表 6 商品化直接检测 MTBC 扩增方法

特点	TMA*	PCR	SDA
扩增方法	转录介导的	PCR	同质链置换
靶标	RNA	DNA	DNA
探针	16S 核糖体 RNA	16S 核糖体 RNA 基因	IS6110
酶	逆转录酶。T7RNA 聚合酶	*Taq* DNA 聚合酶	BSOB1, EXO-BST
扩增子污染抑制	程序	尿嘧啶 -N- 糖基化酶 (UNG)	闭合孔
检测时间（h）	3	6	3
每批试验的样本数量	20	48	96
形式	Tube 管	Microwell plate 微孔板	微孔板
样本体积 (μl)	450	100	500
样本裂解	超声和珠子	60 ℃, NaOH, 非离子洗涤剂	加热和超声
检测	杂交保护和化学发光	显色	荧光信号

*在美国，仅 TMA 检测是 FDA 批准的，用于 AFB 涂片阴性的呼吸道样本

7.2.3 检测变化

NAAT 结果取决于很多因素，除了检测方法外，包括样本收集的地点、样本的质量和数量、细菌量和抗酸菌涂片反应。NAAT 推荐用于未治疗患者呼吸道标本，包括痰（诱导或咳出）、

支气管肺泡灌洗液和支气管针吸抽取物。FDA批准的PCR用于怀疑有活动性肺结核AFB涂片阳性呼吸道标本，而TMA可以用于涂片阴性和涂片阳性呼吸道标本。涂片阴性样本的灵敏度低于涂片阳性样本的灵敏度，因为前者含菌量小。

NAAT检测最好用于涂片阳性样本；然而，应用于高度怀疑结核病且涂片阴性样本的临床作用已被报道[66,67]。已经证实如果多个（至少3个）涂片阴性标本，NAAT的灵敏度会有很大改进[62]。很多文献报道成功应用扩增方法检测肺外标本，此时结核的临床诊断通常非常困难[63,64,68]。尽管NAAT可以帮助诊断肺外结核，使用NAAT诊断结核性脑膜炎仍然是备受质疑的。一般情况下，如果临床上高度怀疑且有影像结果，CSF的NAAT对于临床可能有用。另外，NAAT用于分枝杆菌液体培养系统快速检测MTBC。

结果解释——阴性结果不排除感染MTBC的可能性。最后，患者对治疗的反应以及培养结果用于证实或排除结核病的诊断。

预防措施——为了控制扩增产物的交叉污染，工作流程必须以单向的方式即由清洁至污染的区域进行，从扩增前区域及试剂配制区开始，然后至样本制备区，再移至扩增后区域。为了减少由于核酸污染引起的假阳性风险，每个区域应该有特定的设备和耗材，仅用于NAAT。另外，每次只打开一个样本的管子、使用螺旋盖代替快速管、使用有滤芯的头以及经常用漂白粉擦拭桌面以减少气溶胶的产生（参考CLSI文件MM03）65.闭合自动化系统解决污染问题有很大优势。不能使用NAAT判断治疗成功或失败，因为药物治疗时分枝杆菌核酸可以持续存在。只有接受过培训熟悉扩增程序的人员可以进行NAAT检测。

对于NAAT检测扩增子污染的监测必须有一个标准程序。每周或每月，应按照厂家建立的程序用试纸擦拭环境区域检测扩增子污染是否存在。如果区域检测阳性，用50%次氯酸钠（漂白粉）清洁。溶液应该接触区域约15 min，然后用去离子水或70%乙醇擦洗。重复步骤直至获得阴性的结果。

7.2.4　成本考虑

由于能快速准确得出结果，基因扩增检测MTBC特别用于临床高度怀疑AFB阳性NTM肺部疾病患者排除结核。实验室内财政紧缩要求合理的缩减订购以弥补包括分子检测在内的相关费用。NAAT可以用于所有新患者或仅符合临床诊断的高危人群的涂片阳性样本进行。在对涂片阴性和肺外样本进行NAAT前可能需要咨询实验室主任/负责人和临床专家[74]。应注意的是成本—效果分析不应只局限于每个检测的成本，而是也应包括对于及时治疗、感染控制管理以及住院时间的长度的影响。

7.2.5　熟练度测试

有适宜设备、设施和技术熟练度的实验室才能开展基因扩增检测MTBC。为了保证操作质量，1997年美国CDC在一个大规模队列实验室使用商品化基因扩增试剂实施了一项自愿操作评估项目[75]。现在CDC拥有最详尽的项目，每年两次每次提供5个分析物用于检测。CAP建立了医疗保险和医疗补助计划批准的外部熟练度项目评价基因扩增检测结核的熟练度。然而，MTBC检测的分析物每年可以减至1~2个。QCMD在欧洲设计建立QC样本和熟练度测试项目，从成功实施的EU-QCCA衍生而来，用来为临床实验室检测的评估提供QC项目。另外，德国有一个熟练度测试项目称为 INSTAND，德国实验室必须参加该测试以便于持续检测临床样本。

7.3　培养检测分枝杆菌

文献已报道有 120 多种分枝杆菌菌种，其中许多有致病性或者潜在致病性，可以从临床样本分离[76]。大多数的菌株可以通过传统的培养基检测到。然而，一些培养基如液体培养基相对于其他培养基对结核分枝杆菌的生长支持度更好。某些分枝杆菌菌种需要特殊的营养成分，如嗜血分枝杆菌，M. genavense, 和副结核分枝杆菌。现在麻风分枝杆菌还未在实验室培养基中分离成功。

7.3.1　可用的培养基

不同培养基可以用于从临床样本分离分枝杆菌。有些以商品化粉末形式，有些是板式的，有些是管式的，还有些利用原始成分自己配制。推荐常规使用的且已经通过临床研究证明的支持大多数分枝杆菌生长的培养基。一般情况下，相比商品化培养基而言实验室自己配制的培养基更容易变化，需要更严格的质量控制。而商品化培养基已经经过质量控制，因此表现更稳定。值得注意的是，修订常用的培养基的优势很少，修订后的培养基有时使得工作更繁重。

两种培养基在分枝杆菌实验室更常用：固体和液体培养基。全球越来越多使用液体培养基，因为其可以提高分枝杆菌分离培养的阳性率，同时能够减少检测时间。

7.3.1.1　固体培养基

固体培养基在全球都用，因为这种培养基支持大多数分枝杆菌生长。固体培养基储存在冰箱内。目前常用固体培养基有 2 种。

7.3.1.1.1　鸡蛋培养基

罗氏培养基是一种古老的也最常用的鸡蛋培养基。在日本，对其进行了改良并称作小川培养基，小川培养基在日本最常用，在其他发展中国家也广泛应用，它用更低廉的谷氨酸钠替代了天冬酰胺。罗氏培养基是选择性培养基，因为其含有孔雀绿，可以抑制污染细菌和真菌的生长。在资源有限的国家，这是唯一可用的培养基，但在发达国家，罗氏培养基往往与液体培养基一起使用。

尽管罗氏培养基经常用于检测结核分枝杆菌及药敏试验，由于培养基斜面很小，很难数清菌落数。鸡蛋培养基支持 MTBC 和其他分枝杆菌的生长，但是一般 NTM 的阳性率较低，它不是 MAC 的最佳培养基。大部分 NTM 在罗氏培养基上比在液体培养基中生长更慢。检测结核分枝杆菌需要更长的平均时间，孵育时间为 8 周。各个实验室应用罗氏培养基报告阴性结果的时间不同，应分析至少 6 个月的分离培养数据以确定。

7.3.1.1.2　琼脂培养基

米氏 7H10 琼脂培养基和 7H11 培养基是两种琼脂培养基，常用作检测分枝杆菌。7H11 培养基是更好的且最常用的琼脂，因为它含有酪蛋白水解物，其有助于快速生长菌和耐 INH 的结核分枝杆菌复合群的生长。一旦配制完成，培养基应储存在冰箱内，效期通常为 4~6 周。米氏琼脂培养基高压灭菌后不应该重新加热。培养基应避免阳光直射。

平板琼脂培养基的优势体现在更加透明，因此更容易观察菌落形态以及菌落数量。如果发生污染，污染的菌落可以分离开，分枝杆菌的菌落可以进一步培养。从临床样本中分离分枝杆菌，可以添加抗生素和抗真菌药物进一步抑制污染的细菌，使得培养基更具有选择性。7H10 和 7H11 琼脂培养基与罗氏培养基相比有更大的平面，在开展药敏试验时更容易确定耐药菌株的比例。检测分离培养阳性的平均时间一般也比鸡蛋培养基短，结核分枝杆菌复合群推荐孵育时间为 6 周，其他一些慢生长非结核分枝杆菌如嗜血分枝杆菌需要 8 周的时间。

琼脂培养基的不足包括其检测分枝杆菌慢于液体培养基；比罗氏培养基成本更高；实验室内更难配制；MTBC 的最佳生长需要 CO_2 培养箱。

7.3.1.2 液体培养基

液体培养基用于常规检测分枝杆菌始于 1980 年。液体培养基叫固体培养基能够更好地分离 MTBC 和绝大多数的非结核分枝杆菌，提高阳性分离率。报告阳性结果时间短于固体培养基[8,77]。某些快速生长分枝杆菌如 M. genavense 仅能在液体培养基中生长[78]。大部分液体培养基的有效期较长，并可以在室温储藏。不需要额外的 CO_2 进行孵育。慢生长的分枝杆菌平均结果报告时间为 12~16 天，阴性结果报告前孵育时间为 6 周。分离培养和药敏实验室报告结果在 4 周内完成。因为大幅度地增加了阳性分离率并节省了时间，CDC 推荐在美国使用液体培养基用以检测分枝杆菌及药敏试验[79-80]。强烈推荐任何可能的情况下，商品化的培养基应该用于初次分离培养及药敏试验。

液体培养基通过添加抗生素的混合物成为选择性培养基，大部分包括多粘菌素 B，两性霉素 B，萘啶酸，甲氧苄啶 and 阿洛西林。这些抗生素抑制绝大多数革兰阴性和革兰阳性细菌及真菌的生长。大部分革兰氏阳性抗生素不能用，因为分枝杆菌也能够被抑制。液体培养基更容易发生污染；处理样本是需要更严格，同时需要监测消化液的浓度、消化时间以及加入抗生素的量。

最初，仅有 1 种 FDA 批准的商品化液体培养基用于分离培养基药敏试验。因为这个培养系统是放射性的，放射性物质的处理成为关注的焦点，因此努力研发非放射性的液体培养基。现在，已有 3 种商品化的非放射性的液体培养基用来检测分枝杆菌的生长。所有 3 种系统都经过 FDA 批准用于分离分枝杆菌，其中 2 种被批准用于 MTBC 的药敏试验。

7.3.2 培养基的选择

不同种类的培养基均可用于检测分枝杆菌。通常应用至少 2 种培养基以最大程度分离分枝杆菌。推荐在任何可能的情况下使用液体培养基以更好、更快地报告结果。同时使用液体培养基和固体培养基增加了分离培养阳性率，并且有机会观察菌落形态，这在液体培养基中观察不到，同时还能检测到混合感染，如果液体培养发生污染提供储备。同时，当需要菌落进行鉴定和药敏时，早期的培养节省了时间。报道液体培养同时开展固体培养，阳性分离培养率可以增加 4%~6%，而在固体培养的同时再加入液体培养阳性率则可以增加更多（15~30%）[69,73-75]。需要注意的是，苯扎氯铵磷酸钠和氯化十六烷基吡啶消化方法不能用于米氏培养基或其他非鸡蛋培养基（见附件 B）。培养基的选择同样取决于临床样本的类型。液体培养基在分离肺外标本的分枝杆菌时发挥更重要的作用，因为这类标本中 AFB 的数量通常很少。报道在接受治疗的患者的样本使用液体培养基恩能够分离出更多的结核分枝杆菌[77,82]。预计有污染菌的样本需要选择性培养基，而无菌收集的一些样本如体液、活检组织不需要额外添加抑菌物质。所有抑菌物质在抑制杂菌的同时对于分枝杆菌也有抑制作用。因为肺外样本分离分枝杆菌非常困难，推荐无菌收集的肺外样本如体液、活检组织或外科手术组织样本应接种 2 个培养基，1 个培养基添加抗生素，另一支培养基不添加抗生素。一些快速生长菌如嗜血分枝杆菌和 M. genavense，需要额外添加离子便于其最佳生长[78]。因此，如皮肤、骨头和关节等样本应该在添加离子的培养基中培养，如氧化血红素，枸橼酸铁铵或商品化的 X 因子条。如果从血液中分离分枝杆菌，常规的培养基不适合，只有特殊制备用于此目的的培养基才能够应用。因为鸟分枝杆菌的亚种副结核分枝杆菌需要分枝菌素才能生长，动物来源的样本怀疑有 Johne's 病时应该使用添加这种生长因子的培养基（Herrold's 培养基）。

7.3.3 接种

所有样本处理和接种应在 BSC 内进行。至少需要接种 3 滴（0.2 ml）处理样本至培养基上并将液体铺满整个 L-J 培养基表面。管式的培养基应该首先斜面水平向上孵育 1~2 天保证接种的液体充分吸收，此时培养管的盖子应该是松的，之后将培养管直立并且旋紧盖子继续孵育。对于平板培养基，3 滴处理后的样本应接种至平面的不同地方。平板应放置在室温直至液体完全吸收，后用塑料袋封口放在温箱内孵育。

对于液体培养基，应该严格遵守厂家的操作说明。

7.3.4 孵育条件

MTBC 孵育的最佳条件是 35~37℃，一些非结核分枝杆菌在 37℃ 下不生长或生长很差，特别是在初次分离培养时。嗜血分枝杆菌、龟分枝杆菌、海分枝杆菌和溃疡分枝杆菌需要更低的生长温度，最佳温度是 25~33℃。如果样本中估计有这些菌种，如皮肤、骨头和关节腔，应接种 2 支培养基，一支孵育在 37℃，另一支孵育在较低温度。蟾蜍型分枝杆菌需要较高的生长温度（40~42℃）

由于培养基的种类不同样本中的目标菌种孵育时间也不同，多数固体培养基尤其是鸡蛋培养基报告阴性结果前需要孵育 8 周的时间。大部分商品化的液体培养基需要 6 周的孵育时间。涂片阴性样本比涂片阳性样本报告阳性结果需要更长的时间，在报告阴性结果前至少孵育 6 周时间。某些菌种如溃疡分枝杆菌（皮肤样本）和日内瓦分枝杆菌需要更长的孵育时间（8~12 周）。如果预计有这些菌种，培养基需要孵育 6 周以上的时间。

对于 MTBC，某些培养基如米氏琼脂培养基最好是在含有 5%~10% CO_2 的环境下孵育。高的 CO_2 环境有助于生长但是对于鸡蛋培养基不是非常关键。液体培养基不需要额外的 CO_2，含 CO_2 的孵育环境在分离 NTM 时存在局限性。

7.3.5 培养检查程序

推荐固体培养及 1 周后观察结果以确认快速生长分枝杆菌的生长。这种早期观察还有助于检查培养时在污染完全覆盖培养基前发生的严重污染。接下来，应每周观察是否有分枝杆菌菌落或污染。高频率的观察结果可以减少报告阳性结果的平均时间。使用商品化液体培养基应遵从厂家的操作说明。阳性培养物的检测可以通过各种各样的技术和仪器获得。对于大部分自动化液体培养系统而言,仪器更加频繁地监测生长情况,仪器自动报告阳性培养结果。基于放射性的系统是半自动的,而所有 FDA 批准的非放射性系统都是全自动的。

7.3.6 检查阳性培养物

7.3.6.1 固体培养基上的阳性培养物

固体培养基上的菌落代表分枝杆菌生长,其应该通过涂片并用抗酸染色进行验证。阳性培养物应该在证实有 AFB 后立即报告结果。如果想定量阳性培养物,需要培养至少 4 周的时间,以便于大部分 AFN 有机会长成可见的菌落从而能够数清楚。CDC 推荐的菌落数报告标准见下所述。通常液体培养基报告结果要早于固体培养基。推荐如果液体培养基报告阳性时固体培养基仍报告阴性时,应继续孵育固体培养基直至固体培养基变为阳性,或是孵育至培养末期才能报告阴性。

一般情况下,固体培养及上的菌落数与从痰标本制备的涂片中的 AFB 数量相关(除非患者正在接受药物治疗),同时也与痰标本的质量相关。菌落数的定量有助于决定病情的严重程度或是对治疗的反应,当然前提是确保高质量的标本。以下是 CDC 推荐的标准:

定量	结果报告
无菌落	无 AFB 生长
<50 个菌落	实际菌落数
50~100 个菌落	1+
100~200 个菌落	2+
200~500 个菌落	3+
>500 个菌落	4+

应报告所有阳性分枝杆菌。分离到 MTBC 更加重要。由于呼吸道标本中非结核分枝杆菌很常见,评估分离的菌落是否属于这些分枝杆菌种类非常重要。2007 版 ATS 推荐评估 NTM 的临床重要性,尤其是结果为 1+ 时,具体信息如下 [30]:

• 至少 2 个痰样本或支气管灌洗液培养阳性
• 穿刺或其他肺活检组织有分枝杆菌的病理特征(肉芽炎症或 AFB),及 1 份 NTM 培养阳性
• 1 份活检组织分枝杆菌病理特征(肉芽炎症或 AFB),及至少 1 份痰标本或支气管灌洗液 NTM 培养阳性

7.3.6.2 液体培养基中的阳性培养物

对于自动液体培养系统,仪器设定程序自动检测生长。某些自动化仪器系统,可以根据生长速度自动报告可疑污染;某些通过肉眼观察浊度、AFB 涂片结果或是接种至血培养板上判

断。所有报告阳性结果的培养物均应证实确实存在 AFB，排除污染。可以通过将阳性液体培养物涂片后 Ziehl-Neelsen 或 Kinyoun's 染色获得。污染可以通过肉眼观察，或将培养物接种至血平板或巧克力平板上判断。革兰染色对于所有阳性培养物均有用。如果仪器报告阳性，但是没有发现 AFB 或污染（肉眼或通过涂片镜检），培养基应该重新孵育，在 2~3 天后检查是否有 AFB。所有仪器报告阴性结果的培养基在丢弃前应肉眼检查，极少数情况下阳性结果通过仪器检测不到。如果有任何可疑的阳性，检查是否有 AFB 和污染。液体培养基中定量 AFB 数量是不可行的，然而，有报道认为，液体培养的阳性结果报告时间直接与标本中的活细菌数量相关[88]。

7.3.7 污染处理

7.3.7.1 污染率

在分枝杆菌实验室，培养基的污染可能来自于标本、污染的试剂或环境。按照惯例，对于呼吸道标本，罗氏培养基 2%~5% 的污染率是可接受的。液体培养基中更容易产生污染，因此，稍高的污染率是可以接受的。

使污染率处于控制之下，并确定在处理和培养过程中没有引入污染，和分枝杆菌菌株确实是来自患者而不是任何其他来源，在每批标本的处理过程中应以无菌水或缓冲液（10 ml）作为阴性质控。阴性质控应该完全按照处理临床标本的方式处理，并接种到临床标本使用的同一批培养基中。在整个孵育过程中，阴性对照应保持阴性结果。如果有抗酸杆菌生长，则该批次处理的所有标本的结果都无效，并且检查所有操作步骤。如果阴性质控发现杂菌污染，标本培养阳性的结果仍然有效，但应采取以下纠正措施：

a. 彻底检查所有操作步骤
b. 检查所有试剂是否无菌或更换新的无菌试剂
c. 对生物安全柜进行消毒
d. 如需要向培养基中添加营养剂或抗菌剂，必须在生物安全柜中进行。不要同时打开多只管子，并且尽可能缩短打开管子的时间。如果可能的话，在向多只管子加入同一种试剂时使用重复移液器。 盖子应正面向上（即盖子内面面向生物安全柜台面）放在 10% 的漂白剂浸泡过的毛巾上。
e. 所有这些操作都应在接种标本之前完成。
f. 将试剂分装成小份，当天未用完的试剂应弃掉或进行消毒灭菌后再继续使用
g. 在向标本管中加入试剂时，每次只打开 1 只标本管，并在加入试剂后立即关闭盖子。
h. 在接种处理好的标本时，每次只打开 1 只管子并在接种后立即盖好

7.3.7.2 交叉污染

交叉污染可以在一个实验室内标本处理或接种过程中出现，交叉污染的标志是：
a. 实验室中观察到阳性率升高，尤其是非结核分枝杆菌阳性率升高。
b. 在同一批处理的多个标本中出现同种类的分离株，尤其是非结核分枝杆菌。
c. 涂片阳性标本操作后进行的涂片阴性标本的培养阳性，尤其是无阳性结果预期的标本。
d. 多个培养分离株具有一个特别的耐药型。
e. 培养阳性的标本来源于未高度怀疑为分枝杆菌感染的患者，而且该标本在处理过程中是紧随于 1 个培养阳性的标本后。

分子分型技术（指纹）可以有效地确定实验室中是否已发生交叉污染（有关详细信息，请参见第 8.2 节）。

若出现交叉污染现象应进行彻底调查并采取改进措施。以下是一些有效消除污染的措施：

a. 准备新鲜的试剂。
b. 将试剂分装成小份。
c. 标本管放置在试管架上时，相互间距离不能太近。
d. 在加入试剂或接种时，每次只能开闭 1 只样本管。
e. 在加入试剂及处理过程中，不能使样本管边缘接触到试剂瓶或移液管。
f. 加入试剂过程中避免飞溅。
g. 若应用移液器，避免使用同一移液器或多通道分装器。用单独的移液器加试剂。
h. 经常用消毒液清洁手套，在标本或培养基处理过程中如果手套发生污染应及时更换。
i. 混匀 / 涡旋后打开管盖前要静置 5 min。

7.3.7.3　混合培养物

可能出现这种情况，一个培养物中既有抗酸菌生长而且有杂菌污染。这些培养物应进行去污处理。取少量培养物在米氏琼脂平板上划线，孵育 1~3 周。当分离培养出单克隆菌落后，涂片确定纯抗酸杆菌菌落存在，这种菌落可用于进一步实验研究。也可以用 NaOH 处理污染的培养物，用（5~10 ml）悬浮污染培养，然后接种到新的培养基中。这个方法特别建议在市售的液体培养基中使用。NaOH 浓度（4% 不含 N- 乙酰半胱氨酸），处理方法与处理痰标本的方法一样。当样品受到革兰氏阴性杆菌污染，尤其是从 CF 患者的标本中分离出黏液性假单细菌污染时，可用草酸二次除污[6,87,89]（见附件 B）。

7.3.8　阳性培养物储存

阳性培养物可在室温下存放数周而没有显著的活力损失。原代培养物可再次传代培养，并在室温下保存数月。如果是固体培养基，应密封培养管，以避免培养基脱水。如果培养物在将来一段时间（至少 1 年）需要复苏进行进一步实验，建议将这些培养物冻存在 -70℃ 保存。生长于罗氏培养基或其他固体上的新鲜菌落，可用水，生理盐水或 7H9 液培养基悬浮、匀浆化并且调整至 1 号麦氏浊度，分装成小份冻存在 -70℃ ±10℃。在液体培养基中培养阳性物可分装在适当的小瓶中直接冻存在 -70℃ ±10℃。

7.3.9　报告

当通过抗酸杆菌涂片确定培养基上有分枝杆菌生长时应立即报告，需要注意的是，此时未确定菌种。固体培养基上的菌落形态和固体培养基或液体培养基阳性培养物抗酸染色，也可能有助于初步确定 MTBC[91]。当 1 份临床标本报告为分枝杆菌阳性时，至少应有 3 个时间期限。

（1）临时报告：培养基接种后，如果出现肉眼可见菌落或通过涂片阳性结果确定抗酸杆菌生长，立即报告结果表明培养阳性，待确认。如果只有 1 个培养基结果是阳性，也要报告结果，无需等待其他培养基出现阳性结果。

（2）培养确认
   a. 一旦完整地确认培养报告，至少表明是结核分枝杆菌或非结核分枝杆菌。
   b. 报告菌种，特别对于非结核分枝杆菌
   c. 报告提供者的

（3）敏感性试验：结核分枝杆菌敏感性试验结果报告一旦确认

报告可以包括培养基类型和培养阳性所需的时间。据 CDC 指南规定，应平均在 14 d 内给出带有菌种鉴定的培养结果报告。一个完整的培养结果报告和敏感性试验结果报告应在平均 4 周内给出。培养和药敏试验结果的完整报告，应在平均 4 周内给出[80]。使用液体培养基，是满足这些准则的关键。

7.3.10 质控

质量控制是实验室检测的一个重要的组成部分。实验室应建立一个包含质控测试所有方面的程序文件，其中一些如下所述。质控测试的频率取决于实验室的工作量、所用培养基的类型和实验室既定的规则。

所有的质量控制程序应形成书面文件，指控测试结果在实验室记录中登记备案。如果有不合格的情况，应采取纠正措施并记录在案。所有培养基和试剂的批号和过期日期应记录在案。商品化培养基的记录可从制造商处取得并存档。应对培养基和试剂进行质控。确立不同结果参数的正常平均值并定期监测这些参数，从而评估实验室程序的质量。

7.3.10.1 培养基质控

应对实验室制备的培养基进行全面质控。每批新制准备的培养基应抽取 1%~3% 的接种至少 3 种分枝杆菌菌种（见下文）的标准化菌悬液。用既往制备的确定质量的培养基或商品化制备的培养基作为阳性质控。使用这种媒介，建立一个标准化的可获得最佳生长条件的接种方法和孵育时间。对指定的时间内孵育出的菌落数量和大小进行审慎评估。对新制备批次（批号）的培养基进行测试，如果产生的结果低于既定的范围，应视该批次（批号）培养基质量为不合格，若菌落数高于或低于既定范围的 20%，则可以认为该批次培养基质量以接受，实验室也可以建立自己的标准。如果接受测试的培养基性能优于质控培养基，应重复试验该批培养基性能后，保存该批次培养基，作为未来的质控培养基。每一批次新制备的培养基都应进行这种质控测试。对于商品化制备的培养基，按照建议程序和标准进行操作。

7.3.10.2 菌株质控：制备和储存

建议以下 3 种分枝杆菌菌株用于质控测试：
结核分枝杆菌　　　$H_{37}Ra$　　ATCC® 25177
堪萨斯分枝杆菌　　ATCC® 12478
偶发枝杆菌　　　　ATCC® 6841
质控菌株的准备和储存程序，请参见附录 D

商品化培养基应由制造商进行彻底的质控测试。然而，用户可应参照 CLSI / NCCLS 文件 M22 的豁免 / 从用户质控非豁免的培养基。同样重要的是，直观地检查商品化制备的培养基，在使用前检视培养基，要确保管子在运输或储存过程中无损坏／破裂，培养基无污染或变质。对于高级别实验室和参比实验室，允许按照制造商建议的质量控制程序对新批次的商品化培养基或试剂进行质控测试并备案结果。

7.3.11 通过分枝杆菌标本制备和分离菌株一致性的监测进行质控

对实验室数据进行良好的记录保存和随后的定期数据监测（见下面的参数）——最好是每一个月至每三个月，有助于确保标本的处理程序以及分枝杆菌的分离率在控制范围内。初步分析 3~6 个月的记录后才能确定每个实验室工作量整体平均值或正常趋势。

经进一步的分析，可以确定培养实验的操作和程序是否一致，结果是否在正常范围内。各参数（如下述）在实验室设置的范围内，应保持小幅波动的统一。如果在这些参数中的任何一个有显著的改变或偏离，那么应对所有的程序加以审查。

以下参数用于评价一致性

- 标本处理总量

- 抗酸染色涂片阴性和阳性的数量及百分比

- 涂阳培阳数、涂阳培阳率、涂阴培阳数和涂阴培阳率

- 培养阳性中结核分枝杆菌复合群、非结核分枝杆菌数量和所占比率

- 抗酸杆菌、结核分枝杆菌和非结核分枝杆菌培养阳性（涂片阴性和涂片阳性）的平均时间

- 污染率

- 操作人员登记

- 每批实验标本的记录

- 阴性质控的记录

- 孵育温度

涂片阳性：实验室之间涂片阳性数的不同，取决于患者的数量和使用的技术。如果涂片阳性率下降到低于实验室的正常平均值时，应对操作程序进行审查，并应抽取至少 20% 的 AFB 染色涂片由另一技术员进行复核。

培养阳性：如果痰涂片阳性或痰涂片阴性标本的抗酸杆菌培养阳性率显著下降，应对去污程序加以审查，因为有可能是过度去污染导致分枝杆菌的过度死亡。结核分枝杆菌培养阳性率的偏差比 NTM 培养阳性的率偏差更关键。在具有良好质控程序的实验室，涂阳培阳率应在 90% 以上；而涂阴培阳率约 50%。

结核分枝杆菌复合群和非结核分枝杆菌的分离株：不同菌种的分枝杆菌分离株的平均比例应保持相对稳定。如果有 1 个特定菌种的分离株突然增加，则可能由污染或交叉污染造成；应进行彻底的调查。

检测时间：涂片阳性和涂片阴性的标本结核分枝杆菌复合群和非结核分枝杆菌培养阳性的检测时间是在实验室培养工作一致性的指标。通过 3~6 个月的观察可得到这个平均值。如果平均检测时间出现显著变化，则提示平时的工作程序存在偏差。平均时间减少（污染率未增加或速生型分枝杆菌分离株未出现增多）表明处理程序改善；应继续保持。如果平均时间增加，标本的处理可能过于苛刻或离心时间/速度不是最佳。

污染率：一个实验室应建立污染率基线，这个基线应是正常观察所得并且在可接受的范围内，最好在 2%~5% 范围内。如果在监测期间，污染率下降明显超过正常范围，可能因为去污程序过度，应予以纠正。如果污染率显著曾高则表明，去污染效果太弱或标本消化不完全。如进行改进后污染问题仍然存在，分析标本的收集、运输和储存的步骤存在的问题是非常重要的，应对消化和净化程序评估，并采取纠正措施。戈登分枝杆菌，1 个常见污染物，是去污过程严重性的良好指标，如同那些对氢氧化钠敏感的分枝杆菌。

实验人员的记录：实验室中负责处理标本的所有实验技术人员处理样本的上述所有参数应保持相似。如果上述参数在不同的技术人员中出现差异则表明可能未按标准处理程序操作。如果实验技术人员处理的标本出现较低的阳性率或较高的污染率，应对该技术人员的操作进行评估，必要情况下进行再培训。

记录每批标本处理过程：当污染率、交叉污染率或阳性率等指标超出正常范围时，这些信息可以帮助我们发现问题的所在。

阴性质控：在任何时间都应为阴性（如出现阳性，按照上 1 节中所述的指南进行纠正）。

温度：孵育温度应为 35~37℃。理想条件下，温箱中每层搁板上都应放置单独的温度计并检查、记录每个温度计的温度。自动化液体培养系统已经过良好的温度校准，每个货架的温度记录可以检索和存档。

8 菌种鉴定

8.1 表型方法

8.1.1 传统的生化方法

在现在的积极的临床实验室，常规生化检测的应用正在逐渐减少，取而代之的是 DNA 探针、高效液相色谱（HPLC）和测序等检测手段。而当因费用限制而不能有多种选择时，传统的表型方法仍能发挥作用。为进行这些检测提供几个参考程序方法[6,93]。

8.1.1.1 生长速率

生长速率是首先观察到的表型特征之一，可以确定若干菌种。虽然增长速度可在原代培养

（即临床标本接种检测培养基获得的生长速率）中观察到，但是过于严格的标本处理，过紧的培养基管盖造成的缺氧，不正确的孵育温度，样本菌量过少等因素可导致不正确的增长率。由于这些原因，增长速度需要特定的测试试验来确定，在前面的参数文件所述。当被定义为在不到 7 d 生长，在控制测试中速生型细菌往往能在 3~5 d 内形成完全成熟的可见菌落会产生完全成熟，在 3~5 d 可见的菌落。

8.1.1.2 产色

产色是分枝杆菌的一个表型特征，可考虑针对这种特性直接进行实验。产色可以在原代培养物中观察到，但最好是按参数文件中介绍的特定的次代培养实验确定。管盖过紧阻碍氧流量、接种量过大和管内存在过多水分等因素影响正确地产色。正如许多表型特征，色素可能不一定是浅黄色或橙色，可以是多种颜色。在过去，依靠产色进行品种鉴定比如今的实验室内应用更为广泛。产色的存在有助于排除 MTBC 分离株。

8.1.1.3 培养物的镜下形态

当在分离培养基上发现可见菌落，挑去菌落做 Ziehl-Neelsen 或 Kinyoun 染色，以确定菌落是否是抗酸菌，或菌落中是否混合有杂菌，或是可以确定某一种或某几种菌种的形态特征。但是，仅镜下形态不足以确定分离株的菌种。例如，广为人知的结核分枝杆菌经抗酸染色后镜下观察时呈弯曲的杆状，但这种特征并不是结核分枝杆菌所特有的。堪萨斯和偶发分枝杆菌在极少数情况下，也会呈现出这种形态。微观形态只是一个例行观察，不应被用来鉴定原代培养物的种类。

8.1.1.4 菌落形态

固体培养基上生长的菌落形态，是另一种在鉴定过程中起到辅助作用的表型。仔细观察菌落形态可以提供一些信息，帮助确定某些菌种、是否污染，以及菌落是否为多种分枝杆菌培养物混合形成。菌落形态特征和其他一些描述可见上述参数章节。形态学研究以固体 Middlebrook 琼脂平板上为最佳，鸡蛋培养基有可能辅助作用。重要的是在培养基上用稀释好的菌悬液划线接种从而获得单个菌落，菌落密度过高的情况下，细菌没有足够的空间形成完整的菌落形态。立体显微镜能为菌落观察提供最佳视野。有些实验室可能会选择记录培养基管内的菌落形态。在这种情况下，培养基制造应提供咨询指导。

8.1.1.5 传统的生化方法

当生长速率和产色确定后，接下来可以进行生化试验。并不是每 1 株菌都需要进行所有的生化试验，根据原代表型特征选择合适的生化试验，见图 2。分枝杆菌属分类生化试验见表 7；烟酸和硝酸还原试验步骤见附录 E

最重要的生化检查是那些提供最终确诊 MTBC，和那些可以从宿主到宿主传播相关的菌种。所有的生化测试都有局限性，这些局限性导致了表 8 中发现虚假反应。

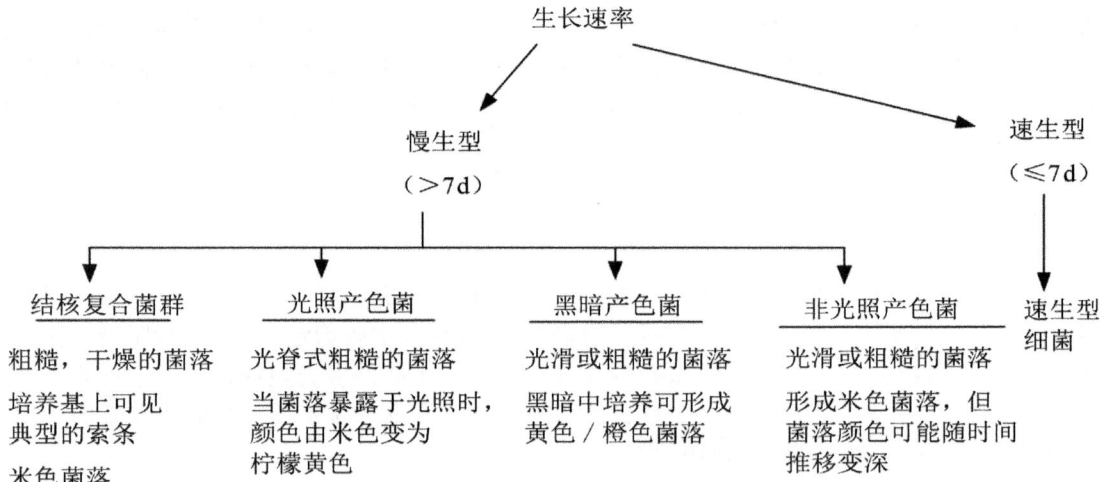

图 2　挑选主要的分枝杆菌菌落

表 7 推荐分枝杆菌鉴定生理方法

结核分枝杆菌复合群	光产色菌	暗产色菌	不产色菌	速生菌
颜色	颜色	25℃光产色	烟酸试验	硝酸还原试验
菌落形态	在28℃生长	在52℃生长	硝酸还原试验	半定量触酶试验
烟酸试验	烟酸试验	硝酸还原试验	半定量过氧化氢酶	触酶试验68℃
硝酸还原实验	硝酸还原实验	Tween水解试验	Tween水解试验	Tween水解试验
吡嗪酰胺酶，4 d	Tween水解试验	半定量触酶试验	尿素酶试验	盐耐受
噻吩-2-羧酸肼	半定量触酶试验	盐耐受	吡嗪酰胺酶，4 d	铁摄取试验
		芳基硫酸酯酶，3 d 亚硝酸盐还原试验	盐耐受	在没有结晶紫的麦康基琼脂培养基上生长
			芳基硫酸酯酶，3 d 亚硝酸盐还原试验	甘露醇
				肌醇
				山梨醇

表8 生化试验的局限性

检测	以下情况可导致假阳性	以下情况可导致假阴性
芳基硫酸酯酶，3 d	培养基含有酚酞自由基	菌龄过老（>3周）
过氧化氢酶试验，68℃	试管内加入Tween-过氧化氢后震动，或加入试剂前试管没有冷却	试验温度缓冲液pH值是关重要的，必须严格保持
半定量触酶试验	培养基被污染	生长不足，在生长期和测试期管盖应保持松弛状态
铁摄取试验	接种量过大	菌龄过老或试剂不是新鲜配制的
无结晶紫的麦康基琼脂		培养基包含使用过的结晶紫
烟酸试验	实验用于一个产色菌，色素由细胞壁提取，错误读取色带	菌龄太年轻（<3周），生长不足以从生长培养基获取积累烟酸的能力
硝酸盐还原试验	培养物被污染试剂（水）中含有硝酸盐	菌龄太年轻（<3周）；当试剂产生沉淀发生颜色变化时被灭活，亚硝酸盐产生后试验继续进行（锌粉测试）；反应瞬间发生减弱（使用结晶试剂可能有帮助）
吡嗪酰胺酶	检测时间超时	粉色结果难以查看（判读结果时以白色为背景），不是每次试验都单独准备试剂
盐耐受实验	测试培养基质量差	未在良好光源下检测生长物
亚硝酸还原试验	沉淀物是灰或棕黄而不是黑色	试管被晃动，黑色沉淀物被分散，管盖过紧阻隔氧气交换
Tween水解试验	管底布有一层红色的薄膜（只观察酶底物的颜色）读取反应结果时晃动试管	判读结果时间太短，管盖过紧
尿素酶试验	管盖沾有酚酸，试验用水不是中性pH值	接种量不够，菌龄过老

8.1.2 生化试验的质控

已知的所有生化试验，每次仅能进行一个特定试验。典型表现是，表现出了积极的反应，消极的反应，和试剂控制控制应始终。表 9 表明生物体 QC 使用每个生化试验，而表 8 提供了虚假反应相关的信息。对于所有质量控制措施，当控件不产生预期结果，不明生物体的反应不能被接受；应通知监事；应报告质控出现问题，纠正疑似问题并重复测试。

表9 生化试验用质控菌株

生化试验	阳性质控	阴性质控
芳硫酸酯酶 3 d	偶发分枝杆菌	鸟分枝杆菌复合菌组 空白培养基
触酶试验，68℃	堪萨斯分枝杆菌	结核分枝杆菌 空白培养基
半定量触酶试验	堪萨斯分枝杆菌 ≥ 45 mm	鸟分枝杆菌复合菌组 空白培养基
柠檬酸盐	龟分枝杆菌	脓肿分枝杆菌 空白培养基
肌醇	休斯顿分枝杆菌	偶发分枝杆菌 空白培养基
铁摄取试验	偶发分枝杆菌	龟分枝杆菌 空白培养基
无结晶紫的麦康基琼脂	偶发分枝杆菌	M. phlei 空白培养基
甘露醇	罕见分枝杆菌	偶发分枝杆菌 空白培养基
烟酸	结核分枝杆菌	鸟分枝杆菌复合菌组 空白培养基
硝酸盐还原试验	结核分枝杆菌	鸟分枝杆菌复合菌组 空白培养基
吡嗪酰胺酶	鸟分枝杆菌复合菌组	堪萨斯分枝杆菌 空白培养基
盐耐受试验	偶发分枝杆菌	龟分枝杆菌病 空白培养基
山梨醇	休斯顿分枝杆菌	偶发分枝杆菌 空白培养基
噻吩-2-羧酸肼	结核分枝杆菌（耐药）	牛型（被抑制）分枝杆菌 空白培养基
亚碲酸还原受试验	鸟分枝杆菌复合菌组	堪萨斯分枝杆菌 空白培养基
吐温水解	堪萨斯分枝杆菌（强反应 <5 d） 戈登分枝杆菌（弱反应 5~10 d）	鸟 分枝杆菌复合菌组 空白培养基
尿素酶试验	堪萨斯分枝杆菌	鸟分枝杆菌复合菌组 空白培养基

8.1.3 生化试验和表型反应结果判读

当完成生化试验和对增长速度、宏观和微观形态特征的观察，通常就可以完成对未知结核分枝杆菌的菌种鉴定。此外，应考虑几个重要的因素，结果通常是基于研究所个人的经验。是否有足够的证据判定为结核分枝杆菌复合群中的一种还是复合群。随着分子技术的出现，更多的分枝杆菌种被确认，也为机构认识的罕见或新的菌种起到了非常重要的作用，以及满足了参比实验室做额外研究的需求。生化反应变化的情况并不少见，应建立以机构，用以预测从患者人群中分离到的微生物的生化反应频率，预计机构应建立在发现患者人口从他们回收的生物生化反应的频率。建议使用探针和高效液相色谱法与常规的分枝杆菌的方法结合见图3。

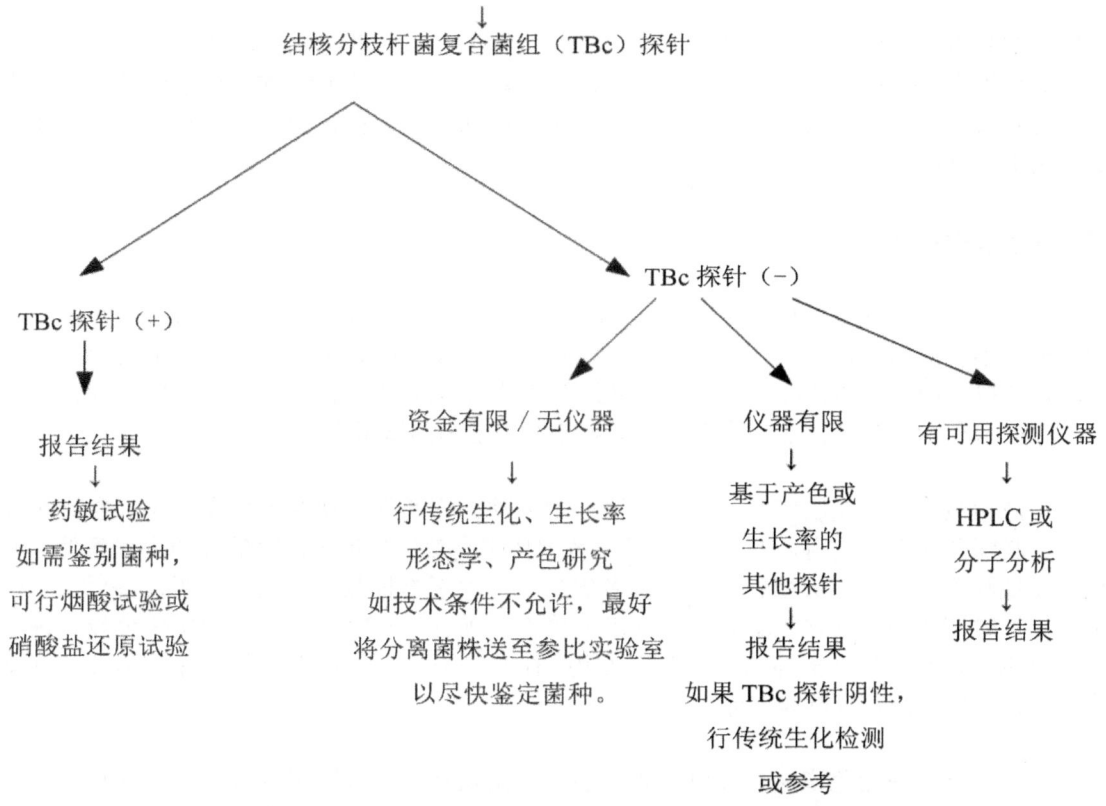

注：除 TBc 探针以外的其他探针可以作为首选，取决于实验室中 MTBC 和其他非结核分枝杆菌的分离率，固体培养基中菌落形态；和（或）液体培养基中抗酸染色结果（如为观察到索条）

图3　结合传统方法、探针和分枝杆菌鉴定中其他方法的算法

8.1.4 结核分枝杆菌复合群的分离鉴定

确定结核分枝杆菌复合群最快速的方法之一是 DNA 探针技术。在 2 h 的试验时间内，复合群——由结核分枝杆菌、牛分枝杆菌、*M. caprae*、卡介苗、*M. microti*, *M. africanum*, *M. canettii* 和 *M. pinnipedii* 组成——可以鉴定到菌种。根据各实验室的试验条件、医疗机构和当地公共健康机构的要求，决定报告结核分枝杆菌复合群或将本地实验室分离的菌株送到参比实验室进行诊断。另外还需考虑以下一些因素，结核分枝杆菌的感染率、卡介苗在某些患者中的应用、接种卡介苗、饮用未经消毒的奶制品以及移民人口密度等。从尿中分离的结核分枝杆菌复合群菌株应进一步鉴定到菌种的水平以排除卡介苗。这会影响患者的管理和公众健康机构对病例的随访。

8.1.5 在传统分枝杆菌学的基础上，识别可能的新菌种或罕见菌种

常规的分枝杆菌检测方法可能在鉴定结核分枝杆菌到种属水平方面最不敏感。在大多数情况下，传统的试验方法提供了临床标本中发现的微生物的整体情况。当所有的生化试验不完全匹配时，形态与既往观察的不一致时，及耐药模式不典型时，该微生物的鉴定应该受到质疑并将分离株提交给一个可以进行更加复杂试验的参比实验室进行进一步鉴定。

8.1.6 生化试验的频率

每个实验机构都应对每个菌种生理生化试验数据进行监测并绘制相应图表。例如，一份公开发表的报告指出，在其机构内分离的结核分枝杆菌分离株中有 98% 的菌株烟酸试验反应为阳性。这意味着在一个大型实验室，若每年可确定 200 株结核分枝杆菌菌株，则预期有 3~4 株烟酸试验呈阴性反应。

8.1.7 高效液相色谱

分析结核分枝杆菌细胞壁脂肪酸是一种鉴定结核分枝杆菌菌种的方法。只有极少数微生物的细胞壁中不含脂肪酸，而这一特点可用于识别许多分枝杆菌到菌种水平。使用反相高效液相色谱法是分枝杆菌鉴定的几种方法之一，可结合或替代常规的生化试验方法、DNA 探针技术、核酸扩增技术和 16S 测序技术。图 3 显示了可能的用途和测试组合。

高效液相色谱法不是临床实验室常规开展的方法，它通常出现在大型实验室、参比实验室和国家、联邦公共卫生机构。表 10 列出了在考虑使用高效液相色谱法时的几项先决条件。相比传统生化试验方法，高效液相色谱法有诸多优势，可识别物种范围更大，购买设备后成本效益更优，周转时间更短（通常从培养物分离出后报告结果时间 <2 h），能够识别牛分枝杆菌和卡介苗。它也可以直接用于液体培养基的培养物；在某些情况下，可直接使用涂片阳性的标本沉渣鉴定结核分枝杆菌复合群和鸟分枝杆菌。

原则上，高效液相色谱法一般包含 4 个步骤：①从菌体细胞壁提取分枝菌酸并皂化；②将分枝菌酸转化为（衍生）能吸收紫外光或荧光的酯类；③色谱分析；和④模式解读。要正确判读色谱图需进行培训，而也有一些软件、程序可简化色谱判读。由色谱图中观测到的诊断性峰值的数量，和与内参相比的出峰时间可观察其模式。模式识别是由分枝菌酸模式，通过对比样本结果与一个已知的参考物种库的样本结果比较（目测或软件生成）。当高效液相色谱法不能单独确定结核分枝杆菌到菌种水平时，需要使用传统的生理试验或其他方法。

分枝菌酸高效液相色谱鉴定法已公布，高效液相色谱法的用户组与疾病控制中心合作，出版了两本用于标准化和识别分枝杆菌模式的手册。这些可以从 CDC 网站下载，http://www.cdc.gov/ncidod/publicat.htm。

高效液相色谱法各项质量控制都有严格要求。仪器的性能和质控品质量对鉴定的准确性至关重要。内部控制标准、质控重复性以及试剂的质控是必需的。一些生理特性，如菌落形态和生长速率、色素形成等，应与高效液相色谱模式识别相一致。高效液相色谱法可显著提高对很

多新的分枝杆菌菌种的鉴定能力；有些情况下，高效液相色谱法、表型、基因型特征并不一致，提示或许是一类新的菌种。

表10 HPLC检测决定因素

使用 HPLC 应考虑的因素：
工作量
仪器启动成本
空间、电力要求
废弃物处理
仪器维护保养
可利用的安全柜、通风橱及高压蒸气灭菌器
全职工作人员及培训
工作人员对常规分枝杆菌的熟悉程度
如何与其他分枝杆菌方法有效整合
数据储存及硬件支持
厂商支持，包括下班后时间及节假日
建设 HPLC 参比实验室时应考虑的因素：
转运
培养基的要求
转运时间
结果不明确时的备用方案
经验
单个标本检测成本
安全及报告机制
验证能力——分离、鉴定、药敏试验
警示报告——当出现涂片阳性、培养阳性或药敏结果时，应快速通知医生、医院/诊所及公共卫生机构

8.2 基因型方法

使用非生化方法鉴定

传统上认为，使用生化方法鉴定分枝杆菌属是金标准。然而，一些在表型特征上少有甚至没有区别的、新的非结核分枝杆菌种属的大量出现，致使人们对更敏感、快速、工作量小、成本低的分子技术产生依赖[84-85]。分子方法包括杂交分析中基因探针的使用，在临床标本或培养物中用扩增方法直接检测分枝杆菌属，扩增后续序列或用限制性片段长度多态性 RFLP 法对分离菌进行鉴定分析。

8.2.1 使用探针法鉴定细菌

8.2.1.1 液相杂交

当抗酸杆菌 AFB 从肉汤或固体培养基中复苏，可以用杂交分析中的特异性探针或探针池鉴定。两种商业化探针可用于液相杂交或固相反向杂交分析，固相培养基的菌落或 AFB 阳性的肉汤培养物都可用此分析。对于液相杂交探针，细菌裂解灭活后抽提核酸，随后将特异性标记的 RNA 探针加入特定时相混合物中，退火时探针结合到靶基因上，非杂交探针移去后，

DNA:RNA 杂交体即被化学荧光法检测到。由于行探针检测前没有扩增步骤，因此在涂片证实培养阳性后，至少再杂交孵育 24 小时，以保证足够的检测量（特别是肉汤培养基）。分离肉汤培养物（一般 100~500 μl），离心，细菌沉淀重悬于适当的裂解试剂中，再杂交。如果生长物是来自固体培养基，挑取部分菌落重悬在裂解缓冲液中，余下步骤同液体培养基沉淀物操作，可参考试剂说明书进行操作。对于商业化可利用的液相杂交分析，可鉴定 4 种种属/复合物：①结合分枝杆菌复合群，②鸟分枝杆菌复合体，③堪萨斯分枝杆菌，④戈登分枝杆菌[86-89]。

8.2.1.2 固相形式的反向杂交

如果使用线性探针分析，扩增先于杂交，随后扩增子添加到吸附有特异标记探针的硝酸纤维素膜上；如果靶基因存在，在合适孵育及添加底物显色后，会观察到目的产物。任何探针都可以加到线性探针格式中，以加强此分析的总体物种检测能力。目前有两种可利用的线性探针分析，两者均未获得美国 FDA 批准。一种可以检测 16 种不同种属的分枝杆菌，包括那些在液相杂交探针中提到的。线性探针产品可以确定是否存在任何分枝杆菌属，例如，它们包含一种分枝杆菌属探针，因此在分枝杆菌属探针阳性而特异性探针阴性时，提示不常见分枝杆菌种属的存在[89-91]。

另一种线性探针产品有两个独立的线性探针，第一个可以鉴定 15 种常见分枝杆菌种属，第二个可以鉴定 17 种少见/额外种属[92-93]。

8.2.2 核酸扩增后 DNA 测序用于分枝杆菌菌株鉴定

一旦在肉汤或在固体培养基上生长，并确认有抗酸杆菌存在，使用分枝杆菌属特异性靶区扩增与测序相结合的方法可以将微生物鉴定到种的水平。类似于杂交，核酸测序来源可以是一个菌落，更常见的是肉汤培养基中获得的细胞沉淀。扩增前需要将菌落或肉汤沉淀煮沸，"杀死"分枝杆菌菌株，执行质量控制措施，以确保扩增前的培养材料中无存活物[94]。扩增成功的标准是将分枝杆菌基因组中的高度保守区进行扩增，这样可以检测到所有分枝杆菌属菌株，进一步扩增产物的可变区测序能鉴定菌种。在临床实验室中常规开展分枝杆菌属两个常见保守基因，全 16S rDNA 和 *hsp65* 基因的测序并不实际。对这些基因或相似基因中有物种特异性的可变区域测序，可用于菌种鉴定。对抗酸菌落或肉汤培养沉淀物的扩增产物的特定区域测序，鉴定分枝杆菌物种，可选用商品化系统或实验室内部自建方法，自动或手动操作。实验室内部核酸扩增日益成为许多临床实验室的常规操作流程，并非所有临床实验室都具备测序能力。即使有测序的设备，开发一种鉴定分枝杆菌属的测定方法，尚需要有经验的工作人员、使用稳定并维护良好的数据库进行分析和比对。许多临床实验室独立开发检测方案可能不现实。一些实验室可以选择性扩增分枝杆菌靶基因，然后将扩增产物送到参比实验室测序，或将菌株送出去扩增和测序。重要的是，该参比实验室必须选择一种与扩增过程的化学反应具有可比性的测序方法，同样，临床实验室应配备适当的软件以读取数据并解释结果。如果选择这种方式，菌株收集的临床实验室最终出具鉴定结果。如果实验室选择开发自己的测序流程，强烈建议使用已经建立的、数据量大、包含有质控菌株和野生型菌株的数据库[95-98]。

扩增和测序的目标基因有以下这些：16S rDNA；hsp65 基因（65 kD 热休克蛋白）；23S-16S rRNA 或 ITS（基因间隔序列）；*rpoB* 基因（编码 DNA 依赖性 RNA 聚合酶 β 亚基的基因）；IS6110（经常用于结核分枝杆菌直接扩增试验的重复插入序列，但只存在于结合分枝杆菌复合群中）及其他。值得注意的是，上述大部分测序技术不能在结合分枝杆菌复合群成员之间进行鉴别。

如上所述，使用数据库的完整性取决于对进入该数据库数据的质量监管。只能考虑采用那些具备质量控制的数据库。有一个可以用来比较分枝杆菌形态相关部分序列的外部数据库是 RIDOM（微生物核糖体分化 www.ridom-rdna.de）。非商业数据库，如 GenBank/ EMBL（www.ncbi.nlm.nih.gov）可能会有问题，因为数据录入未经严格筛查处理；而商品化的经同行审查的数据库，一般情况下有更新的数据，并接受密切监管，准确性较好。

大多数测序系统有一定局限性，如无法辨别序列相似的物种。对现有的大多测序系统而言，鉴别脓肿分枝杆菌与龟分枝杆菌比较困难。此外，一些测序系统可能无法区分堪萨斯分枝杆菌、胃分枝杆菌、海洋分枝杆菌、溃疡分枝杆菌和瘰疬分枝杆菌。如果需要进一步鉴别，可考虑来自参比实验室的其他测序法或特殊的测序后生化试验[99-100]。

8.2.3 扩增后限制性酶切分析（restriction enzyme analysis，REA）鉴定分枝杆菌属中的结核分枝杆菌

PCR 扩增后 REA 是另外一种鉴定分枝杆菌属的方法，它的应用实际上早于一些最新的分子学方法[101]。它的一般原理包括特定基因的扩增，例如 $hsp65$ 基因，使用引物 Tb11 和 Tb12。扩增产物用不同的限制性内切酶来消化（无论鉴定所有的分枝杆菌属，还是特定组内的鉴别，如快速生长的分枝杆菌属，都取决于研究的菌种）。消化后的产物用凝胶电泳分析，并与已知模式株比较。例如在龟分枝杆菌和脓肿分枝杆菌复合物的鉴定中，这种方法尤其有用，因为它们不能由大多数测序方法鉴别[102-103]。不使用生化方法，直接将限制性酶切分析与测序相结合就能成功鉴别复合物。

无论运用测序、扩增后限制性酶切分析，还是其他基因型方法，结果分析是方法成功的关键。如果用商业自动化系统对分离株测序，要与数据库进行结果比对和分析。如果一个人建立了独有的分析方法，则需要用内部数据库和（或）上面提到的可用的公共数据库进行序列比较。实验室执行分析前，要考虑运算法则，这样才会清楚最后结果是如何得出。内部数据库加入新菌株，可使其不断得到更新并保持稳定，只要能证明菌株鉴定有效即可[104]。

8.2.4 用探针和扩增后测序或 REA 进行鉴定的方法

一旦 AFP 分枝杆菌在实验室内复苏，可以用探针鉴定更多常见菌种。探针无法鉴定的，则可进行 PCR 扩增和测序或扩增后限制性酶切分析，或者可以在不使用探针的情况下对所有阳性培养标本进行测序，这种选择是基于综合考虑实验室和客户需求以及成本、人员和周转时间等因素。如果探针、PCR 和测序，或者限制性内切酶片段长度多态性分析相结合仍不能鉴定分离菌株，则可考虑将生化试验或高压液相色谱法加入整体鉴定方案，或将分离株送到其他参比实验室进一步测试。以上选择应基于菌种准确鉴定的需求，即抗酸杆菌分离株的临床意义和医务工作者的需求。

8.3 利用免疫层析法快速鉴定结核分枝杆菌复合物

免疫层析法是通过一对一检测结核杆菌分泌的抗体 MPT-64 来检测培养基中的结核分枝杆菌。依据这一原理的商业化快速检测实验显示，该方法对阳性标本的检出率良好，与表型确认

实验和基因确认实验的依从性很好[105-108]。日本有研究报道，MPT64突变会影响检测结果，但这种突变率不到1%[109]。不管是固体培养基还是液体培养基中的阳性标本，都能在几分钟内得出检测结果。通过设计，在结核分枝杆菌不是优势菌的时候，能够为实验室菌种鉴定提供简单、可靠、快速的检测方法，这种商业化的检测方法不能直接用于检测临床标本。

参考文献

1. CLSI/NCCLS. *Susceptibility Testing of Mycobacteria, Nocardiae, and Other Aerobic Actinomycetes; Approved Standard.* CLSI/NCCLS document M24-A. Wayne, PA: NCCLS; 2003.
2. Jensen PA, Lamber LA, Iademcarco MF, Ridzon R. Guidelines for preventing the transmission of *Mycobacterium tuberculosis* in health-care settings. MMWR. 2005;54/RR-17:1-139.
3. Richmond JY, Knudson RC, Good RC. Biosafety in the clinical mycobacteriology laboratory. *Clin Lab Med.* 1996;6:527-550.
4. Centers for Disease Control and Prevention. *Biosafety in Microbiological and Biomedical Laboratories (BMBL)*, 5th edition. US Department of Health and Human Services and the Institutes of Health, US Government Printing Office, Washington, 2007. http://www.cdc.gov/OD/ohs/biosfty/bmb15/bmbl5toc.htm.
5. CLSI. *Protection of Laboratory Workers From Occupationally Acquired Infections; Approved Guideline—Third Edition.* CLSI document M29-A3. Wayne, PA: Clinical and Laboratory Standards Institute; 2005.
6. Health Canada. *Laboratory Biosafety Guidelines.* 3rd ed. Ottawa, Canada: Health Canada; 2004.
7. Noble MA. Prevention and control of laboratory-acquired infections. In: *Manual of Clinical Microbiology.* 9th ed. Washington, DC: ASM Press; 2007:97-106.
8. Kent PT, Kubica GP. *Public Health Mycobacteriology: A Guide for the Level III Laboratory.* Atlanta, GA: US Department of Health and Human Services, Centers for Disease Control and Prevention; 1985.
9. Hawkins JE, Good RC, Kubica GP, et al. Levels of laboratory services for mycobacterial diseases: official statement of the American Thoracic Society. *Am Rev Respir Dis.* 1983;128:213.
10. Salfinger M. Role of the laboratory in evaluating patients with mycobacterial disease. *Clin Microbiol Newsl.* 1995;17:108-109.
11. Shinnick RM, Good RC. Diagnostic mycobacteriology laboratory practices. *Clin Inf Dis.* 1995;21:291-299.
12. Beavis KG, Bernardo J, Blank E, et al. *The Future of TB Laboratory Services: a Framework for Integration/Collaboration/Leadership.* Washington, DC: Association of Public Health Laboratories; 2004.
13. Thoen C, Lobue P, de Kantor I. The importance of *Mycobacterium bovis as a zoonosis. Vet Microbiol.* 2006;112:339-345.
14. Hesseling AC, Marais BJ, Gie RP, et al. The risk of disseminated Bacille Calmette-Guerin (BCG) disease in HIV-infected children. *Vaccine.* 2006; 1 August, Epub ahead of print.
15. Gonzalez OY, Musher DM, Brar I, et al. Spectrum of Bacille Calmette-Guerin (BCG) infection after intravesical BCG immunotherapy. *Clin Infect Dis.* 2003;15:140-148.
16. Wallace RJ Jr., Silcox VA, Tsukamura M, et al. Clinical significance, biochemical features, and susceptibility patterns of sporadic isolates of the *Mycobacterium chelonae-like organism. J Clin Microbiol.* 1993;31:3231-3239.
17. Covert TC, Rodgers MR, Reyes AL, Stelma GN Jr. Occurrence of nontuberculous mycobacteria in environmental samples. *Appl Environ Microbiol.* 1999;65:2492-2496.
18. Tortoli E. Impact of genotypic studies on mycobacterial taxonomy: the new mycobacteria of the 1990s. *Clin Microbiol Rev.* 2003;16:319-354.
19. Wallace RJ Jr., Swenson JM, Silcox VA, Good RC, Tschen JA, Stone MS. Spectrum of disease due to rapidly growing mycobacteria. *Rev Infect Dis.* 1983;5:657-679.
20. Cullen AR, Cannon CL, Mark EJ, Colin AA. Mycobacterium abscessus infection in cystic fibrosis. *Am J Respir Crit Care Med.* 2000;161:641-645.
21. Fauroux B, Delaisi B, Clément A, et al. Mycobacterial lung disease in cystic fibrosis: a prospective study. *Pediatr Infect Dis J.* 1997;16:354-358.
22. Olivier KN, Weber DJ, Wallace RJ Jr., et al, for the Nontuberculous Mycobacteria in Cystic Fibrosis Study Group. Nontuberculous mycobacteria: I: Multicenter prevalence study in cystic fibrosis. *Am J Respir Crit Care Med.* 2003;167:828-834.
23. Wolinsky E. Nontuberculous mycobacteria and associated diseases. *Am Rev Respir Dis.* 1979;119:107-159.
24. Wolinsky E. Mycobacterial diseases other than tuberculosis. *Clin Infect Dis.* 1992;15:1-12.

25 Saubolle MA, Kiehn TE, White MH, Rudinsky MF, Armstrong D. *Mycobacterium haemophilum*: microbiology and expanding clinical and geographic spectra of disease in humans. *Clin Microbiol Rev*. 1996;9:435-447.

26 Wallace RJ Jr., Cook JL, Glassroth J, Griffith DE, Olivier KN, Gordin F. American Thoracic Society Statement: Diagnosis and treatment of disease caused by nontuberculous mycobacteria. *Am Respir Crit Care Med*. 1997;156:S1-S25.

27 Talbot E, Perkins MD, Fagundes S, Frothingham RL. Disseminated Bacille Calmette-Guérin disease after vaccination: case report and review. *Clin Infect Dis*. 1997;24:1139-1146.

28 Lamm DL, Stogdill VD, Stogdill BJ, Crispen RG. Complications of Bacillus Calmette-Guerin immunotherapy in 1278 patients with bladder cancer. *J Urol*. 1985;135:72-274.

29 Lamm DL, Van Der Meijden ADPM, Morales A, et al. Incidence and treatment of complications of bacillus Calmette-Guerin intravesical therapy in superficial bladder. *J Urol*. 1992;147:596-600.

30 Griffith DE, Aksamit T, Brown-Elliott B, et al. An official ATS/IDSA Statement: Diagnosis, treatment and prevention of nontuberculous mycobacterial disease. *Am J Respir Crit Care Med*. 2007;175:367-416.

31 Joint Tuberculosis Committee of the British Thoracic Society. Management of opportunist mycobacterial infections: Joint Tuberculosis Committee guidelines 1999. Thorax 2000;55:210-218.

32 Heifets L. Mycobacterial infections caused by nontuberculous mycobacteria. *Sem Resp Crit Care Med*. 2004;25:283-295.

33 Wolfe J, Turenne C, Alfa M, Harding G, Thibert L, Kabani A. Mycobacterium branderi from both a hand infection and a case of pulmonary disease. *J Clin Microbiol*. 2000;38:3896-3899.

34 Jensen PA, Lambert LA, Iademarco MF, Ridzon R. Guidelines for preventing the transmission of Mycobacterium tuberculosis in health-care settings. *MMWR*. 2005;54:1-141.

35 Pfyffer GE, Brown-Elliott BA, Wallace RJ. *Mycobacterium*: General characteristics, isolation, and staining procedures. In: Murray PR, Baron EJ, Pfaller MA, Jorgensen JH, Yolken RH, eds. *Manual of Clinical Microbiology*. 8th ed. Washington, D.C.: American Society for Microbiology; 2003:532-559.

36 Bang FC, Kirschner P, Bottger EC. Recovery of mycobacteria from patients with cystic fibrosis. *J Clin Microbiol*. 1999;37:3761-3763.

37 Ferroni A, Vu-Thien H, Lanotte P. Value of the chlorhexidine decontamination method for recovery of nontuberculous mycobacteria from sputum samples of patients with cystic fibrosis. *J Clin Microbiol*. 2006;44:2237-2239.

38 Rickman TW, Moyer NP. Increased sensitivity of acid-fast smears. *J Clin Microbiol*. 1980;11:618-620.

39 Ratnam S, March SB. Effect of relative centrifugal force and centrifugation time on sedimentation of mycobacteria in clinical specimens. *J Clin Microbiol*. 1986;23:582-585.

40 Smithwick RW. *Laboratory Manual for Acid-Fast Microscopy*. 2nd edition, Atlanta, GA: US Department of Health, Education, and Welfare; Centers for Disease Control; 1976.

41 Miörner HN, Gebre N, Karlson U, et al. Diagnosis of pulmonary tuberculosis. *Lancet*. 1994;344:127.

42 Saceanu CA, Pfeiffer NC, McLean T. Evaluation of sputum smears concentrated by cytocentrifugation for detection of acid-fast bacilli. *J Clin Microbiol*. 1993;31:2371-2374.

43 Woods GL, Pentony E, Boxley MJ, Gatson AM. Concentration of sputum by cytocentrifugation for preparation of smears for detection of acid-fast bacilli does not increase sensitivity of the fluorochrome stain. *J Clin Microbiol*. 1995;33:1915-1916.

44 Kennedy DH, Fallon RJ. Tuberculous meningitis. *JAMA*. 1979;241:264-268.

45 Bump CM. Acid-fast smears for Mycobacterium tuberculosis. *Rev Infect Dis*. 1984;6:771.

46 Mork-Lewis KJ, Stockman L, Roberts GD. A prospective comparison of an automated acid-fast stainer and manual fluorochrome staining in a clinical mycobacteriology laboratory. Poster C-294. Meeting of the American Society for Microbiology. Atlanta, GA; 1998.

47 Somoskovi A, Hotaling JE, Fitzgerald M, O'Donnell D, Parsons.LM, Salfinger M. Lessons from a proficiency testing event for acid-fast microscopy. *Chest*. 2001;120:250-257.

48 Griffith, DE, Girard WM, Wallace RJ Jr. Clinical features of pulmonary disease caused by rapidly growing

mycobacteria: an analysis of 154 patients. *Am Respir Dis*. 1993;147:1271-1278.

49 Wright PW, Wallace RJ Jr., Wright NW, Brown BA, Griffith DE. Sensitivity of fluorochrome microscopy for detection of *Mycobacterium tuberculosis* versus nontuberculous mycobacteria. *J Clin Microbiol*. 1998;36:1046-1049.

50 Dizon D, Mihaileschu C, Bae HD. Simple procedure for the detection of *Mycobacterium gordonae* in water causing false-positive acid-fast smears. *J Clin Microbiol*. 1976;3:211.

51 Guidelines on Standard Operating Procedures for Microbiology, chapter 17: Standard Procedures for Specific Diseases – Tuberculosis. Geneva, Switzerland: WHO; 2006.

52 Centers for Disease Control and Prevention. Update: Nucleic acid amplification tests for tuberculosis. *MMWR*. 2000;49:593-594.

53 Noordhoek GT, Kolk AHG, Bjune G, et al. Sensitivity and specificity of PCR for detection of Mycobacterium tuberculosis: a blind comparison study among seven laboratories. *J Clin Microbiol*. 1994;32:277-284.

54 Della-Latta P, Whittier S. Comprehensive evaluation of performance, laboratory application, and clinical usefulness of two direct amplification technologies for the detection of Mycobacterium tuberculosis complex. *Am J Clin Pathol*. 1998;110:301-310.

55 Gamboa F, Fernandez G, Padilla C, et al. Comparative Evaluation of initial and new versions of the Gen-Probe Amplified Mycobacterium Tuberculosis Direct Test for direct detection of *Mycobacterium tuberculosis* in respiratory and nonrespiratory specimens. *J Clin Microbiol*. 1998;36:684-689.

56 Scarparo C, Piccoloi O, Rigon A, Ruggiero G, Scagnelli M, Piersimoni C. Comparison of Enhanced Mycobacterium Tuberculosis Amplified Direct Test with COBAS AMPLICOR *Mycobacterium tuberculosis* Assay for direct detection of Mycobacterium tuberculosis complex in respiratory and extrapulmonary specimens. *J Clin Microbiol*. 2000;38:1559-1562.

57 Piersimoni C, Callegaro S, Scarparo C, et al. Comparative evaluation of the new Gen-Probe Mycobacterium tuberculosis Direct Test and the semiautomated Abbott LCx *Mycobacterium tuberculosis* assay for direct detection of Mycobacterium tuberculosis complex in respiratory and extrapulmonary specimens. *J Clin Microbiol*. 1998;36:3601-3604.

58 Behr MA, Warren SA, Salamon H, et al. Transmission of *Mycobacterium tuberculosis* from patients' smear-negative for acid-fast bacilli. *Lancet*. 1999;353:444-449.

59 Catanzaro A, Perry S, Clarridge JE, et al. The role of clinical suspicion in evaluating a new diagnostic test for active tuberculosis. Results of a multicenter prospective trial. *JAMA*. 2000;283:639-645.

60 Sullivan CE, Miller DR, Schneider PS, Roberts GD. Evaluation of the Gen-Probe Amplified Mycobacterium Tuberculosis Direct Test using respiratory and non-respiratory specimens in a tertiary care center laboratory. *J Clin Microbiol*. 2002;40:1723-1727.

61 Desmond EP, Loretz K. Use of the Gen-Probe Amplified Mycobacterium Tuberculosis Direct Test for early detection of *Mycobacterium tuberculosis* in BACTEC 12B medium. *J Clin Microbiol*. 2001;39:1993-1995.

62 Bergmann JS, Woods GL. Enhanced Mycobacterium tuberculosis direct test for detection of *M. tuberculosis* complex in positive ESP II broth cultures of nonrespiratory specimens. *Diag Microbiol Infect Dis*. 1999;35:245-248.

63 Smith MB, Bergmann JS, Harris SL, Woods GL. Evaluation of the Roche AMPLICOR™ MTB assay for the detection of Mycobacterium tuberculosis in sputum specimens from prison inmates. *Diagn Microbiol Infect Dis*. 1997;27:113-116.

64 Hernandez A, Bergman JS, Woods GL. AMPLICOR™ MTB polymerase chain reaction test for identification of Mycobacterium tuberculosis in positive Difco ESP II broth cultures. *Diagn Microbiol Infect Dis*. 1997;27:17-20.

65 CLSI. *Molecular Diagnostic Methods for Infectious Diseases; Approved Guideline—Second Edition*. CLSI document MM3-A2. Wayne, PA: Clinical and laboratory Standards Institute; 2006.

66 Della-Latta P. Work flow and optional protocols for laboratories in industrialized countries. In: Heifets L, ed. *Clinics in Laboratory Medicine*. W.B. Saunders Co. 1996;16:677-695.

67 Ridderhof JC, Williams LO, Legois S. Assessment of laboratory performance of nucleic acid amplification tests for detection of *Mycobacterium tuberculosis*. *J Clin Micro*. 2003;41:5258-5261.

68. Tortoli E. Clinical features of infections caused by new nontuberculous mycobacteria, part I. *Clinical Microbiol Newsl.* 2004;26:89-96.

69. Morgan MA, Horstmeier CD, DeYoung DR, Roberts GD. Comparison of a radiometric method (BACTEC) and conventional culture media for recovery of mycobacteria from smear-negative specimens. *J Clin Microbiol.* 1983;18:384-388.

70. Siddiqi SH, Laszlo A, Buttler WR, Kilburn JO. Bacteriological investigation of unusual mycobacteria isolated from immunocompromised patients. *Diag Microbiol Infect Dis.* 1993;6:321-323.

71. Bird BR, Denniston MM, Huebner RE, Good RC. Changing practices in mycobacteriology: a follow-up survey of state & territorial public health laboratories. *J Clin Microbiol.* 1996;34:554-559.

72. Tenover FC, Crawford JT, Huebner RE, Geiter LJ, Horsburgh CR Jr., Good RC. The resurgence of tuberculosis: Is your laboratory ready? *J Clin Microbiol.* 1993;31:767-770.

73. Isenberg HD, ed. *Clinical Microbiology Procedure Handbook.* Vol. 1. Washington, DC: American Society for Microbiology; 1992.

74. Roberts GD, Goodman NL, Heifets L, et al. Evaluation of the BACTEC radiometric method for recovery of mycobacteria and drug susceptibility testing of *M. tuberculosis* from acid-fast smear-positive specimens. *J Clin Microbiol.* 1984;18:694-698.

75. Stager CE, Libonati JP, Siddiqi SH, et al. Role of solid media when used in conjunction with the BACTEC system for mycobacterial isolation and identification. *J Clin Microbiol.* 1991;29:154-157.

76. Isenberg HD, ed. *Clinical Microbiology Procedures Handbook.* Washington, DC: American Society for Microbiology; 1993;1:3.1.1-3.1.10.

77. Joloba ML, Ogwang S, Orikiriza P, Assegghai AE, Eisenach KD. Comparison of BACTEC 12B and 7H10 media as markers for response to chemotherapy. 36th World Conference on Lung Health, Int Union Tubercul Lung Dis Paris. 2005. Abstract PS-1446-22.

78. Cooper HJ, Uyei N. Oxalic acid as a reagent for isolating tubercle bacilli and a study of the growth of acid-fast nonpathogens on different mediums with their reaction to chemical reagents. *J Lab Med.* 1930;15:348-369.

79. Huang TS, Chen YS, Lee SS, Tu HZ, Liu YC. Preservation of clinical isolates of *Mycobacterium tuberculosis* complex directly from MGIT tubes. *Ann Clin Lab Sci.* 2005;35:455-458.

80. Yagupsky PV, Kaminski DA, Palmer KM, Nolte FS. Cord formation in BACTEC 7H12 medium for rapid, presumptive identification of *Mycobacterium tuberculosis* complex. *J Clin Microbiol.* 1990;28:1451-1453.

81. CLSI/NCCLS. *Quality Control for Commercially Prepared Microbiological Culture Media; Approved Standard—Third Edition.* CLSI/NCCLS document M22-A3. Wayne, PA: NCCLS; 2004.

82. Vincent V, Brown-Elliott BA, Jost KC, Wallace RJ. *Mycobacterium*: Phenotypic and genotypic identification. In: Murray PR, Baron EJ, Pfaller MA, et al, eds. *Manual of Clinical Microbiology.* 8th ed. Washington, DC: American Society for Microbiology; 2003.

83. Warren NG, Body BA, Dalton HP. An improved reagent for mycobacterial nitrate reductase tests. *J Clin Microbiol.* 1983;18:546-549.

84. Tortoli E, Bartoloni A, Bottger EC, et al. Burden of unidentifiable mycobacteria in a reference laboratory. *J Clin Microbiol.* 2001;39:4058-4065.

85. Cook VJ, Turenne CY, Wolfe J, Pauls R, Kabani A. Conventional methods versus 16S ribosomal DNA sequencing for identification of nontuberculous mycobacteria: cost analysis. *J Clin Microbiol.* 2003;41:1010-1015.

86. Lebrun L, Espinasse F, Poveda JD, Vincent-Levy-Frebault V. Evaluation of nonradioactive DNA probes for identification of mycobacteria. *J Clin Microbiol.* 1992;30:2476-2478.

87. Louro AP, Waites KB, Georgescu E, Benjamin WH. Direct identification of *Mycobacterium avium* complex and *Mycobacterium gordonae* from MB/BacT bottles using AccuProbe. *J Clin Microbiol.* 2001;39:570-573.

88. Badak FZ, Goksel S, Sertoz, et al. Use of nucleic acid probes for identification of *Mycobacterium tuberculosis* directly from MB/BacT bottles. *J Clin Microbiol.* 1999;27:1602-1605.

89. Scarparo C, Piccoli P, Rigon A, Ruggiero G, Nista D, Piersimoni C. Direct identification of mycobacteria from MB/

BacT alert 3D bottles: comparative evaluation of two commercial probe assays. *J Clin Microbiol*. 2001;39:3222-3227.

90 Miller N, Infante S, Cleary T. Evaluation of the LiPA MYCOBACTERIA assay for identification of mycobacterial species from BACTEC 12B bottles. *J Clin Microbiol*. 2000;38:1915-1919.

91 Mijs W, DeVreese K, Devos A, et al. Evaluation of a commercial line probe assay for identification of *Mycobacterium* species from liquid and solid media. *Eur J Clin Microbiol Infect Dis*. 2002;21:794-802.

92 Richter E, Rusch-Gerdes S, Hillemann D, Evaluation of the GenoType Mycobacterium Assay for identification of mycobacterial species from cultures. *J Clin Microbiol*. 2006;44:1769-1775.

93 Makinen J, Marjamaki M, Marttila H, Soini H. Evaluation of a novel strip test, GenoType Mycobacterium CM/AS, for species identification of mycobacterial cultures. *Clin Microbiol Infect*. 2006;12:481-483.

94 Blackwood KS, Burdz TV, Turenne CY, Sharma MK, Kabani AM, Wolfe J. Viability testing of material derived from *Mycobacterium tuberculosis* prior to removal from a containment level-III laboratory as part of a Laboratory Risk Assessment Program. *BMC Infect Dis*. 2005;5:4.

95 Hall L, Doerr KA, Wohlfiel SL, Roberts GD. Evaluation of the MicroSeq system for identification of mycobacteria by 16S ribosomal DNA sequencing and its integration into a routine clinical mycobacteriology laboratory. *J Clin Microbiol*. 2003;41:1447-1453.

96 Cloud JL, Neal H, Rosenberry R, et al. Identification of *Mycobacterium* spp. by using a commercial 16S ribosomal DNA sequencing kit and additional sequencing libraries. *J Clin Microbiol*. 2002;40:400-406.

97 Patel JB, Leonard DG, Pan X, Musser JM, Berman RE, Nachamkin I. Sequence based identification of *Mycobacterium* species using the MicroSeq 500 16S rDNA bacterial identification system. *J Clin Microbiol*. 2000;38:246-251.

98 Tuohy MJ, Hall GS, Sholtis M, Procop GW. Pyrosequencing as a tool for the identification of common isolates of Mycobacterium spp. *Diagn Microbiol Infect Dis*. 2005;51:245-250.

99 Odell ID, Cloud JL, Seipp M, Wittwer CT. Rapid species identification within the *Mycobacterium chelonae-abscessus* group by high resolution melting analysis of hsp65 PCR products. *Am J Clin Pathol*. 2005;123:96-101.

100 Kim BJ, Lee KH, Park BN, et al. Differentiation of mycobacterial species by PCR-restriction analysis of DNA (342 base pairs) of the RNA polymerase gene(rpoB). *J Clin Microbiol*. 2001;39:2102-2109.

101 Plikaytis BB, Plikaytis BD, Yakrus MA, et al. Differentiation of slowly growing *Mycobacterium* species, including *Mycobacterium tuberculosis*, by gene amplification and restriction fragment length polymorphism analysis. *J Clin Microbiol*. 1992;30:1815-1822.

102 Selvaraju SB, Khan IU, Yadav JS. A new method for species identification and differentiation of *Mycobacterium chelonae* complex based on amplified hsp65 restriction analysis (AHSPRA). *Mol Cell Probes*. 2005;19:93-99.

103 Turenne CY, Tschetter L, Wolfe J, Kabani A. Necessity of quality-controlled 16S rRNA gene sequence databases: identifying nontuberculous Mycobacterium species. *J Clin Microbiol*. 2001;39:3637-3648.

104 Cheunoy W, Prommararan T, Charprosert A, Foongladda S. Comparative evaluation of polymerase chain reaction and restriction enzyme analysis: two amplified targets, *hsp65* and rpoB, for identification of cultured mycobacteria. *Diagn Microbiol Infect Dis*. 2005;51:165-171.

105 Hasegawa M, Koyama E, Uchino U, Sato Y, Kobayashi I, Saionji K, Watanabe A. Evaluation of rapid identification method for Mycobacterium tuberculosis complex using the immunochromatographic slide test kit. *Kansenshogaku Zasshi*. 2003;77:110-115.

106 Hasegawa N, Miura T, Ishii K, et al. New simple and rapid test for culture confirmation of Mycobacterium tuberculosis complex: a multicenter study. *J Clin Microbiol*. 2002;40:908-912.

107 Wang JY, Lee LN, Lai HC, et al. Performance assessment of the Capilia TB assay and the BD ProbeTec ET system for rapid culture confirmation of Mycobacterium tuberculosis. *Diagn Microbiol Infect Dis*. 2007;59:395-399.

108 Hillemann D, Rüsch-Gerdes S, Richter E. Application of the Capilia TB assay for culture confirmation of Mycobacterium tuberculosis complex isolates. *Int J Tuberc Lung Dis*. 2005;9:1409-1411.

109 Hirano K, Aono A, Takahashi M, Abe C. Mutations including IS6110 insertion in the gene encoding the MPB64 protein of Capilia TB-negative Mycobacterium tuberculosis isolates. *J Clin Microbiol*. 2004;42:390-392.

附录 A　最终准则，交通运输部（Department of Transportation，DOT）管道和危险材料安全管理局，危险材料：传染物；与联合国推荐标准一致。2006.06.07

DOT's 管道和危险材料安全管理局在 2006 年 6 月 2 日出版的《美国联邦公报》中颁布了危险材料：传染物管理最终准则，与联合国推荐标准一致。最终准则根据国际标准，修正了目前的危险品处理原则 (49 CFR:171-180)，包括：传染物运输要求采用了新的分类标准，新的异常情况处理，以及危险品的包装要求。准则同时对现存需求进行分类，以提高用户满意度。准则自 2006 年 10 月 1 日生效，自 2006 年 6 月 3 日起可自愿服从。以下部分是对部分关键条款的总结，具体请参考最终准则。

A1　6.2 章节中材料部分的新分类标准

最终准则为 6.2 章节材料部分建立了双层分类系统，A 类和 B 类传染物，与国际标准危险品运输准则一致。A 类传染物比 B 类危险度高，主要包括可导致永久残废、威胁生命或对健康的人或动物引起致死性疾病的物质，如炭疽杆菌（仅培养物）、鼻疽伯克氏菌、类鼻疽伯克氏菌（仅培养物）、蒲氏立克次体（仅培养物）、埃博拉病毒、结核分枝杆菌（仅培养物）、西尼罗河病毒（仅培养物）、口蹄疫病毒（仅培养物）、马堡病毒和猴痘病毒。注：如果以上列出的 A 类传染物修订为"仅培养物"，表明仅培养物被定义为 A 类传染物，其他形式的运输则依据 B 类传染物的运输标准。培养物定义：有目的的扩增病原菌，不包括用于诊断或临床治疗而采集的患者样本；患者样本定义：从人或者动物体内直接分离获得，用于研究、诊断、调查研究或疾病的治疗或预防，包括排泄物、分泌物、血液及其成分、组织和组织拭子以及器官。A 类传染物登记号 UN 2814（对人致病，或对人及动物均致病的传染物）或 UN 2900（仅对动物致病的传染物），需要依据相应的危险品运输条款进行包装。A 类危险品清单请从最终准则中获取，需要注意的是，这份清单并非毫无遗漏，仅作为指南使用。

B 类传染物指那些不属于 A 类传染物分类标准中的传染物，接触 B 类传染物不会导致永久残废、威胁生命或引起致死性疾病，B 类传染物定义为"诊断性样本"或"临床样本"，登记号为 UN 3373，与 2001 年 12 月联合国推荐标准第 13 版颁布的条款一致。危险品运输准则对"诊断性样本"的定义：一切用于诊断或调查的人或动物的样本。在运输无危险生物样本时，危险品运输准则曾允许在包装上使用适当运输名，如"诊断性样本"，不提供 UN 或者登记号；为了与最近采用的联合国推荐标准第 14 版中颁布的"B 类生物样本"UN 运输号一致，最终准则规定 B 类传染物描述为"B 类生物样本"，登记号为 UN 3373。

A2　B 类传染物的包装要求

最终准则规定，分析和诊断未知传染物时，运输过程需依据 B 类传染物的运输要求。准则允许 B 类传染物采用非规范的三重包装运输，该包装必须通过高度 1.2 米（3.9 英尺）跌落测试。跌落测试根据危险品运输准则第 178.609 节，特别用于传染物包装。最终准则同样要求 B 类传染物要三层外包装，与国际民用航空组织（International Civil Aviation Organization, ICAO）技术指令中对 B 类传染物的空运包装要求一致。参照最终准则，严格执行外包装要求，可以确保包装品能承受运输过程中可能出现的破损或其他的紧急情况，即使运输过程中发生损坏，规范的包装也能保证标签完整易读。规范的外包装组成可参考最终准则中危险品运输准则第 171.8 节，定义为："由最外层的包装和任何可吸收材料、缓冲材料和其他任何保护容器或内包装的材料一起构成的复合或组合包装。规范的包装应足够牢固，任何运输情况下都可以保持原始形状和尺寸。"

最终准则限制内包装中防腐剂的用量，如果托运者使用大量防腐剂，需要参照危险品运输准则中特定材料和质量的运输要求。

运输某种高度怀疑 A 类传染物的未知病原体时，必须在包装纸上予以注明。运输疑似 A 类传染物时，必须参照危险品运输准则第 173.196 节中关于 A 类传染物的包装要求进行，最终准则对该部分的修正与联合国推荐标准基本一致，最终准则还补充了运输 A 类传染物要严格进行外包装。

详情请参照最终准则中对包装和运输的要求部分。

A3　B 类传染物的紧急联络信息

最终准则规定，必须在包装材料或者包装上面标明熟悉 B 类传染物的托运者姓名和电话号码，该条款与 2005 年 11 月 ICAO 的要求一致。

A4　运输中的异常处理情况

承接 B 类传染物运输的个人或承运人，在运输用于研究、诊断、调查或疾病防治的标本时，可以不必参照危险品运输准则。

运输常规检测的人或动物样本亦无需参照危险品运输准则，但这类样本并不是排除或疑似感染性疾病标本，包括用于常规检测或监测肝肾功能的血液、尿液。

A5　通知机长

运输 B 类传染物，没有必要通知机长。B 类传染物在运输过程中危害较小，不会对人或者动物造成致命危害。这项规定和 ICAO 的技术指导一致。

A6　医疗废物

对含有危险度 4 级传染物的医疗废物的运输要求，适用于含 A 类传染物的医疗废物运输。含 A 类传染物的医疗废物必须归类到类别 6.2，可使人致病的传染物归入 UN 2814，使动物致病的传染物归入 UN 2900，并按照联合国危害物质规范进行包装。运输含 A 类传染物的医疗废物时，必须符合危害物质规定第 173.134(c) 部分。根据规定，含有 A 类传染物的医疗废物，应当按照危险度 4 级传染物的医疗废物的标准进行处理和管理。含 B 类传染物的医疗废物应归入 UN 3291。

A7　锐器盒

锐器盒应按照危害物质规定第 173.197 条，将锐器按照联合国规范进行包装。该包装符合 II 级包装性能等级第 178 条第 M 项的设计和测试要求，能够防止针刺透和残余液体渗漏，符合这些要求的利器盒不应置于运输用的外包装中，而置于散货包装中的利器盒必须能防止针刺穿透。

最终规则细化了锐器包装规定，指出锐器包装必须按照包装厂家的说明指导牢固封口，防止运输过程中的针刺或渗漏

A8 其他规定

空运时每个含有类别 6.2 材料的包装和第二层包装都应检查渗漏标志。一旦发现渗漏，货舱必须消毒。将检查和消毒的要求归入类别 6.2 节，材料整体或部分包装。

A9 选择试剂运输的安全计划

最终规则要求，托运者要根据危害物质规定第 172 章第 I 节的要求制定安全运输计划，要按照美国联邦法规（Code Of Federal Regulations，CFR）第 121 章中美国农业部（United States Department of Agriculture，USDA）规定的试剂和毒素种类进行选择。

附录 B 消化和消毒方法

B1 N-乙酰半胱氨酸－氢氧化钠（NALC-NAOH）

试剂

    A. 4% 氢氧化钠
    B. 2.9% 脱水枸橼酸钠或 2.6% 无水枸橼酸钠　　　　500 ml
    C. NALC（每日新鲜准备；不要剧烈摇晃）　　　　　500 ml
    D. pH 值 6.8 磷酸盐缓冲液或者灭菌水　　　　　　　5 g

步骤

1. 混合试剂 A 和 B，灭菌，储存备用。

2. 使用前，加入试剂 C，24 h 内用完。

3. 将 5~10 ml 痰液或其他标本加入 50 ml 塑料螺旋盖离心管中。

4. 加入等量 NALC-NAOH 溶液。

5. 拧紧管盖，剧烈混匀，直到唾液完全液化（涡旋震荡仪上大概 5~20 s）。

6. 静置 15 min，然后进行下一步操作。

7. 加入灭菌 pH 值 6.8 磷酸盐缓冲液或灭菌水至 50 ml。盖上离心管，颠倒混匀。

8. 3000 ×g，离心 15 min。

9. 立即将上清液倒入含有消毒剂的防溅容器中，尽量避免产生气溶胶及污染管口，随后消毒管口。

10. 在 1~2 ml 盐溶液或磷酸缓冲液中重悬沉淀物。

11. 轻轻混匀，立即接种到合适培养基，并涂片以备染色（如接种培养基时间延迟，应将沉淀物在 0.2% 的灭菌牛血清白蛋白组分 V 中重悬）。

    注意：血标本会降低 N-乙酰半胱氨酸的有效性。

B2 氢氧化钠

试剂

    A. 灭菌 2%~4% 氢氧化钠溶液：合适的氢氧化钠浓度取决于不同实验室的污染率。如果标本污染率超过 5%，氢氧化钠浓度应该增加到 3% 甚至 4%；正常菌群过度生长的标本比例不应超过 2%。增加氢氧化钠浓度之前，应先考虑污染的原因，因为氢氧化钠会导致分枝杆菌损失，减少检测敏感性。

B. pH 值 6.8 的磷酸盐缓冲液或无菌蒸馏水。

C. 苯酚红指示剂。

D. 2N 盐酸

步骤

1. 将 5~10 ml 痰液或其他标本加至 50 ml 塑料旋口盖离心管中。
2. 加入等量的灭菌 2% NaOH 溶液。
3. 重复上述步骤 5~9。
4. 向沉淀中加入几滴苯酚红指示剂。
5. 每次向沉淀中加入一滴 2N HCl，混匀，中和沉淀，直到指示剂变为黄色。
6. 重复上述步骤 10 和 11。

B3 苯扎氯铵磷酸钠

试剂

A. 将 1 kg 磷酸钠（$Na_3PO_4 \cdot 12H_2O$）溶解于 4 L 无菌热双蒸水中。
B. 向上述溶液中加入 7.5 ml 苯扎氯铵溶液（17% 苯扎氯铵），混匀。
C. pH 值 6.6 中和缓冲液，0.067 M 磷酸钠缓冲液 37.5 ml，0.067 M 磷酸二氢钾缓冲液 62.5 ml。

步骤

1. 将 5~10 ml 痰液或其他样本加入 50 ml 塑料旋口盖离心管中。

2. 加入等量苯扎氯铵磷酸钠（试剂 A+B）。

3. 将管口旋紧，使用振荡仪剧烈振荡 30 min。

4. 室温静置 20~30 min。

5. 将离心管放入离心机中 3000×*g*，离心 15 min。

6. 将上清液弃入防溅式含有消毒剂的容器，谨慎操作，尽量避免产生气溶胶及污染管口，随后消毒管口。

7. 加入 20 ml 缓冲液（试剂 C）中和多余苯扎氯铵（对使用琼脂糖凝胶的培养基更必要），用试管混匀器混匀 20 s。

8. 3000×*g*，离心 15 min。

9. 将上清弃入防溅式含有消毒剂的容器中，剩余 1~2 ml 上清将沉淀重悬，用消毒剂擦拭管口，小心操作，尽量避免产生气溶胶及污染管口，随后消毒管口。

10. 轻轻混匀，迅速将样本加入合适培养基，并涂片以备染色。

注意： 蛋黄培养基中的磷脂会抑制多余苯扎氯铵。这种消化方式仅适用于蛋黄培养基的培养。氯化十六烷吡啶可杀灭培养在 Middlebrook 培养基、MGIT 培养系统和其他液体培养基中的分枝杆菌。

B4 草酸

试剂

    A. 5% 草酸
    B. 4% NaOH 溶液
    C. 0.85% 生理盐水
    D. 酚红指示剂

步骤

1. 将 5~10 ml 痰液或其他标本加至 50 ml 塑料螺丝帽离心管。

2. 加入等体积草酸试剂 A。

3. 使用试管混频器混合 30 s。

4. 室温静置 30 min。

5. 加入无菌生理盐水（试剂 C）至 50 ml，重新拧紧管盖，颠倒混匀。

6. 使用安全防护离心机离心 15 min，转速 $3000 \times g$。

7. 立即将上清液倒入含消毒剂的防溅容器，尽量避免产生气溶胶及污染管口，随后消毒管口。

8. 加入几滴酚红指示剂（试剂 D）。

9. 逐滴加入 4% NaOH 溶液（试剂 B），直至中性（浅粉色）。

10. 轻轻混匀，立即接种至适当培养基，并涂片以备染色。

注意： 如标本经常被假单胞菌污染，应优选草酸法。

B5 氯化十六烷吡啶

试剂

    A. 将 5~10 g 氯化十六烷吡啶（cetylpyridinium chloride，CPC）及 20 g NaCl 溶解至 1000 ml 蒸馏水，无需灭菌，应避光、避高温、避蒸发保存。

B. 0.85%生理盐水或无菌蒸馏水或 0.2%牛血清白蛋白组分 V。

步骤

1. 将 10 ml 痰液或其他标本加至 50 ml 塑料螺丝帽离心管。

2. 加入等体积 CPC-NaCl 试剂 A。

3. 按临床常规标准，转运标本。

4. 标本需与试剂 A 接触至少 24 h，随后加入试剂 B 至 50 ml，颠倒混匀。

5. 使用安全防护离心机离心 15 min，转速 3000×g。

6. 立即将上清液倒入含消毒剂的防溅容器，尽量避免产生气溶胶及污染管口，随后消毒管口。

7. 将沉淀物悬浮于 1~2 ml 试剂 B 中。

8. 轻轻混匀，立即接种至适当培养基，并涂片以备染色。

注意：氯化十六烷吡啶消化法仅适用于含蛋基础培养基培养。氯化十六烷吡啶可杀灭 Middlebrook 培养基、分枝杆菌生长指示管及其他液体培养基中的分枝杆菌。

附录C 染色步骤

C1 次氯酸钠法制浓缩涂片

该方法仅适用于非培养类型标本，次氯酸钠可溶解标本，也可杀死样本中所有微生物，这一过程可以浓缩样本，减少操作活性结核杆菌的风险。只要含有 5%~6% 次氯酸钠，任何常见的漂白剂均可适用。

1. 在含有痰液的离心管中加入等体积次氯酸钠。
2. 盖紧盖子，晃动离心管，充分混匀，液化痰液。
3. 上述混合物静置 10 min 以上，不超过 30 min。
4. 加蒸馏水至 50 ml。
5. $3000 \times g$ 离心 15 min。
6. 弃上清，收集沉淀。
7. 用少量无菌水重悬沉淀，即可用于涂片。

C2 亮视野显微镜观察快速抗酸染色

这是一种经典的全球广泛使用的快速抗酸染色法，使用不同的复染剂及脱色剂，会出现不同的染色情况。染色过程中，需谨慎操作加热步骤，以便染出最佳涂片。

C2.1 抗酸试剂准备

1. 复红酚溶液
    a. 称取 0.3 g 碱性复红，溶于 10 ml 95% 乙醇中。
    b. 5 g 苯酚晶体加入 95 ml 蒸馏水，混匀。
    c. 混合全部 10 ml 溶液 A 与 90 ml 溶液 B。
2. 酸性乙醇
    3 ml 浓盐酸加入 97 ml 95% 乙醇中。
3. 亚甲基蓝溶液
    称取 0.3 g 氯化亚甲基蓝，溶于 100 ml 蒸馏水中。

C2.2 抗酸染色步骤[a]

1. 准备加热固定涂片。
2. 放置一张吸水纸在固定涂片上，加 5 滴复红酚溶液[b]。
3. 从底部加热涂片，直至复红酚溶液开始蒸发，继续加热保持染液蒸发 5 min，不能煮沸或变干，如果需要可以继续加复红酚染液。
4. 用镊子移去吸水纸。

---

[a] 复红染色的涂片可以用二甲苯替代物冲洗去油，然后用凯恩改良抗酸染料直接复染原来的着色，可以更好地用于形态学诊断及长期保存。

[b] 如果碱性复红溶液含有沉淀物，可能是由于抗酸结构引起，在应用复红染色前，先用吸水纸覆盖涂片，可以滤去这些沉淀。

5. 用自来水清洗干燥涂片。注意：染色中一般使用自来水清洗玻片，不会由于引入环境中的抗酸杆菌而产生问题。如果民用自来水中已知含有抗酸杆菌，并在对照试剂玻片或已知阴性对照玻片中发现抗酸杆菌，则推荐使用过滤水清洗玻片。
6. 用酸性酒精冲洗涂片，脱色 2 min（可以进行必要的额外脱色）。
7. 用自来水清洗涂片并沥干。
8. 用亚甲蓝冲洗涂片，复染 1~2 min。
9. 清洗，在空气中晾干。

C3 使用亮视野显微镜的金永抗酸染色法

这是尼氏抗酸染色法的改良冷染色法，不必须通过加热使首染进入分枝杆菌的细胞壁中。因尼氏抗酸染色法更清晰明亮，通常被认为优于金永抗酸染色法。

C3.1 金永抗酸染色试剂

1. 苯酚品红
   a. 溶解 4 g 碱性品红于 20 ml 95% 乙醇中。
   b. 溶解 8 g 苯酚结晶于 100 ml 蒸馏水中。
   c. 混合上述溶液 a 和 b。
   d. 将混合溶液储存于暗色瓶内；如果形成沉淀，过滤或准备新鲜试剂。
2. 酸性酒精
   3 ml 浓盐酸加入 97 ml 95% 乙醇中。
3. 亚甲蓝
   溶解 0.3 g 氯化亚甲蓝于 100 ml 蒸馏水中。

C3.2 金永抗酸染色法步骤

1. 准备并热固定涂片。
2. 吸水纸覆盖涂片，加入近似 5 滴苯酚品红并且染色 5 min，不能加热。
3. 用镊子移去吸水纸。
4. 用自来水清洗涂片并沥干。
5. 用酸性酒精清洗涂片，脱色 2 min（可以进行必要的额外脱色）。
6. 用自来水清洗涂片并沥干。
7. 用亚甲蓝冲洗涂片并复染 1~2 min。
8. 清洗，沥干，在空气中晾干。

C4 荧光显微镜快速抗酸染色法

这是一种使用荧光显微镜检测分枝杆菌的快速抗酸染色法，这种方法并不是通过显微检测荧光抗体，与普通光学显微镜检测的染色法相比，这种染色试剂中含有苯酚化合的荧光染料，脱色剂中酸含量低，添加了高锰酸钾降低荧光背景。经荧光染色的涂片可使用品红-苯酚快速抗酸染色法再次染色，但是经品红染色后的涂片无法再使用荧光染料染色。由于荧光易淬灭，荧光染色的涂片应在染色后 24 h 内观察。

C4.1 荧光试剂准备

1. 金胺 O- 若丹明 B- 苯酚
   a. 将 1.5 g 金胺 O 和 0.75 g 若丹明 B 溶解至 75 ml 甘油中，加入 10 ml 预热的苯酚晶体，用蒸馏水定容至 50 ml。
   b. 将上述溶液用玻璃滤网过滤。

2. 酸性乙醇
   a. 将 0.5 ml 浓盐酸加入 100 ml 70% 的乙醇溶液中。

3. 高锰酸钾
   a. 将 0.6 g 高锰酸钾溶解至 100 ml 蒸馏水中。

C4.2 快速荧光染色步骤

1. 热固定涂片。
2. 金胺 O- 若丹明 B 染片 15 min（不能加热，不能使用滤纸吸干染液）。
3. 清水冲洗涂片，自然晾干。注意：使用自来水轻轻冲洗涂片通常不会影响荧光染色。如果居民自来水中已知含有抗酸成分或阴性对照发生抗酸反应，则建议使用过过滤后的水冲洗。
4. 酸性乙醇脱色 2 min。
5. 清水冲洗后沥干涂片。
6. 高锰酸钾染色 2 min。
7. 冲洗，沥干，自然干燥（勿加热烘干）。

C5 Blair 氏快速荧光染色

该方法不需若丹明 B 染液，所以溶液不需要玻璃滤网过滤。脱色剂和背景抑制剂的制备同上，染色步骤也如上文所述。

C5.1 Blair 氏染色法金胺 O- 苯酚试剂的配制

1. 将 0.1 g 金胺 O 溶解至 10 ml 95% 的乙醇中。
2. 将 3 g 苯酚晶体溶解至 87 ml 蒸馏水中。
3. 将上述两种溶液混匀。

附录 D 质控菌株的制备和储藏

- 使用罗氏培养基或米氏培养基上新鲜传代的菌株（不超过 3 周）。

- 小心地从培养基表面刮取一些菌落，不要刮掉培养基（培养基引起假的浊度）。

- 将菌落转移至螺旋盖中，管中含 4 ml 无菌 7H9 肉汤培养基和玻璃珠（6~10 个玻璃珠，直径 1~2 mm）。

- 涡旋管至少 1~2 min。确保混悬液分散良好，非常浑浊（比麦氏 1 号管混浊）。

- 混悬液静置 20 min。

- 使用移液器，小心将上清转移到另一个无菌、螺旋盖的玻璃管。避免取到任何沉积物，涡旋混匀。

- 上清静置 15 min。

- 小心将上清液转移到第 3 个螺旋盖玻璃管中，不要取到任何沉淀。

- 加入 7H9 肉汤培养基、灭菌生理盐水或去离子水调整至麦氏 1 号管浊度，混匀。如果混悬液太浊，转移至另一灭菌管并调整浊度至麦氏 1 号管。

这是用于质控的操作混悬液。混悬液分装成小份（1~2 ml）冷冻在 -70℃ ±10℃。冷冻的混悬液可以储存 6 个月至 1 年。一旦解冻后，混悬液不能再次冷冻。

1.0 ml 混悬液（新鲜或冷冻）中加入 9 ml 无菌水或生理盐水进行 1∶10 稀释，涡旋或至少颠倒 6 次，再次 1∶10 稀释并混匀。接种 3 滴（约 0.2 ml）这种稀释（现在是 1∶100）的菌液至对照和测试固体培养基上。涂抹分散菌液至铺满整个表面。孵育前充分吸收。在 37℃±2℃ 孵育 3 周。对于液体培养基，按照生产商建议的质控程序进行。

附录 E 生化程序

E1 使用试纸条烟酸试验 [1]

一些分枝杆菌在代谢途径中不能代谢烟酸；因此，在培养基中会逐渐积累，从而通过本实验进行检测。原来的测试化学品是剧毒的。本程序利用试剂浸渍试纸条，从而消除暴露于危险化学品的危险。

E1.1 试剂和耗材的制备

1. 商品化试剂条，保证在有效期内。
2. 无菌可密封的试管。
3. 无菌蒸馏水。
4. 镊子。
5. 10% 氢氧化钠。

E1.2 质控菌株

1. 阳性：结核分枝杆菌。
2. 阴性：鸟分枝杆菌和未接种的培养基

E1.3 程序

1. 加 1 ml 无菌蒸馏水至培养基斜面，使用吸管插入不同位置的培养基中。

2. 将管水平放置，使其覆盖整个培养基的表面；保持此位置 15 min。

3. 将 0.6 ml 的液体转移至消毒的可密封的试管。

4. 使用镊子，插入带识别末端（箭头标明端首先插入）的试纸条，立即密封试管。不要让中间地带淋湿。

5. 保持管直立，室温下 15~20 min。

6. 在白色背景下观察管底部液体颜色，无论试纸条本身形成任何颜色。

7. 在丢弃前添加 10% 的氢氧化钠或其他碱性消毒剂至试管，中和悬浮液。

E1.4 结果解读

1. 与未接种管和阴性对照相比，观察液体提取物中是否有黄色。

2. 阳性 = 提取物中有黄颜色

3. 阴性 = 提取物中无黄色

E2 硝酸盐还原试验 [2, 3]

本实验测试生物产生硝酸还原酶的能力，此酶能够将硝酸盐还原至亚硝酸盐，偶尔可进一步还原成游离氮。通过加入磺胺酸，亚硝酸盐形成重氮盐。重氮盐与 n-naphthylethylenediamine 盐酸盐耦合形成红色的水溶性的偶氮染料。下面的方法被认为是"经典"的方法，使用液体试剂。方法采用硝酸盐试纸条（奎格利）和结晶试剂（沃伦）已证明是令人满意的，可减少试剂的制备。值得注意的是，虽然这个测试可以用于任何菌龄的培养物，使用菌龄短的培养物获得阴性结果时应该重复操作（如 MTBC 菌龄少于 4 周）。

E2.1 设备和耗材

1. 螺旋盖试管，16 mm×125 mm
2. 水浴加热或恒温加热器，37℃
3. 蒸馏水
4. 锌粉
5. 移液器
6. 接种环或无菌铲

E2.2 试剂的制备

底物：硝酸钠溶液	0.01 m，pH 值 7.0	
硝酸钠	0.085 g	
磷酸二氢钾	0.117 g	
12 水含磷酸氢二钠	0.485 g	
蒸馏水	100 ml	

完全溶解后高压消毒灭菌

试剂 1
  小心加入 50 ml 浓盐酸至 50 ml 蒸馏水。

试剂 2
  0.2 克的磺胺溶解在 100 ml 蒸馏水。

试剂 3
  0.1 g n-NEDD 溶解在 100 ml 蒸馏水。避光保存在 4℃可以长达 3 个月。

避光保存所有试剂和底物在 4~5℃可长达 3 个月。如果颜色变化或形成沉淀应该丢弃。

对照：

1. 阳性：结核分枝杆菌
2. 阴性：MAC 和未接种的培养基

程序：

1. 在 16 mm×125 mm 螺旋盖管中添加 0.2 ml 无菌蒸馏水。

2. 用无菌铲或接种环乳化约 0.1 g（~1 环）培养物在水中。应该从培养 4 周的培养物获得。

3. 添加 2 ml 的 $NaNO_3$ 至管中。

4. 手摇匀后竖直置于 37℃ 中孵育 2 h。

5. 停止孵化，加入一滴试剂 1。

6. 添加 2 滴试剂 2。

7. 添加 2 滴试剂 3。

8. 立即检查是否有粉红色。

9. 如果没有检测到粉红色，添加一小撮锌粉，重新检测是否有粉红色。

结果和解读：

1. 与未接种管和阴性对照对比，观察是否有浅粉色（±）至深红色（5+）。

2. 阳性 = 培养基为粉至红色（仅 3+ ~ 5+ 被认为阳性）。如果最初的反应没有颜色，添加锌粉后也没有颜色，说明最初的反应是阳性的，但硝酸盐还原为游离氮，越过了亚硝酸盐环节。

3. 阴性 = 淡粉色到无色。如果加入锌粉后变为红色，那么结果解读为真阴性。

附录 E 参考文献

1. Kilburn JO, Kubica GP. Reagent-impregnated paper strips for detection of niacin. Am J Clin Pathol. 1968;50:530-532.
2. Quigley HJ, Elston HR. Nitrate test strips for detection of nitrate reduction by mycobacteria. Am J Clin Pathol. 1970;53:663-665.
3. Warren NG, Body BA, Dalton HP. An improved reagent for mycobacterial nitrate reductase tests. J Clin Microbiol. 1983;18:546-549.

Number 17   M48-A

> 临床和实验室标准协会达成共识的过程包括上诉程序的过程，其在管理程序和第 8 部分详细描述。如需进一步资料，请联系临床和实验室标准协会或浏览我们的网站 www.clsi.org。

代表意见和委员会答复的总结

M48-P：实验室检测和分枝杆菌鉴定；建议的指南

概述

1. 考虑添加一个术语表部分。

   • 由于这样做会增加文件的长度，因此决定不增加单独的词汇表

2. 第 36、38 和 39 页需要编号

   • 按照建议已完成这项工作。

3. 实验室仅希望开展涂片显微镜（漂白法），收集和处理样本可通过以下的包装方法安全进行。附上我们的标准作业程序包的方法供大家参考。

   • 谢谢您让我们注意到了应用次氯酸钠这个独特的技术。我们已经在附录 C1 包括了标准方法，期待今后审议的文件中公开此包装方法。

4. 定量（17 页），我会请求 CDC/WHO 接受以避免混淆

   • 定量表（表 4A）中包括 CDC 和其他系统的版本。建议的 WHO 版本已经被增加为一个新的表（表 4B）。

作者页

5. Betty Forbes 和 niaz banaiee 两位作者没有联系地址。

   • 亚委会主席 Dr. Forbes 和亚委会顾问 Dr. Banaiee 的联系信息可以在委员会成员信息中得到。

内容

6. 摘要列出两次。

   • 该问题已修正

第 2 部分，安全和标准的预防措施

7. 许多进行涂片和培养的临床实验室将阳性培养物送至参比实验室进行鉴定，这需要在 BSL-2 级和 BSL-3 级实验室进行。这些实验室的阳性培养物的操作仅限于操作涂片和传代。我们认为这种情况应在文件中特别提出。是否可以在风险评估后调整这种做法？例如，这些操作对于未

开展大量结核杆菌培养和（或）未遇到许多耐药菌株的实验室是否合适？

- 我们不同意在这个时间点上作具体描述。首先，它可能会纵容这种未经实验室主任做出风险评估的做法。一些临床微生物学家认为，P3 密闭设备和设施是理想的分枝杆菌实验室，但这些做法可能并不总是可行。然而，在实施扩大利用 BSL-2 方式下控制标准预防的分枝杆菌实验室，这些变化需要仔细审议，通过适当的机构监督临床实验室生物安全。第 2.3 节第一段进行了修订，反映这些。

<u>2.2 部分，生物安全级别 - 概论</u>

8. BSL-3 的描述似乎只需要增加双门和负压气流。在加拿大，一个 BSL-3 实验室是非常复杂的，有喷淋、双重变化的区域和单独的废水处理系统等。

我建议：一个 BSL-2 级实验室有一个独立的区域，与放置生物安全柜的核心实验室隔离，并限制进入。方案将包括个人防护装备，BSC 内进行所有工作，处理程序；最好配备高压灭菌器和负压。这足以满足标本处理和涂片染色，以及接种和孵育的要求。

一个 BSL3 级实验室由以上方面加向内定向气流、双门、高盐灭菌器、干净和污染过渡区域，紧急情况下淋浴以及有强制性的呼吸保护装置的个人防护装备。方案涉及出入更衣室和特殊的 BSL-3 级生物安全训练。涉及操作阳性培养物所有的工作应在 BSL3 级实验室内进行，包括鉴定和药敏试验。

缺少上述的实验室情况下，管理部门应该进行危险度分析，根据需要或当地的生物安全规定进行修订。这在资源有限的地区非常必要。

- 有许多不同的组织，由国家或地方监督分枝杆菌实验室生物安全；文件已做出了相应修改。然而，详细说明所有的标准和操作方法已超出本文件的范围；已列出参考的文献和（或）网站。此外，已对处理标本抗酸染色涂片、培养、鉴定及药敏试验时生物安全操作进行了界定。

9. 这部分令人困惑。我建议精确描述各种检测推荐的设备和操作准则：标本处理、浓缩涂片、接种培养、菌种鉴定和药敏试验。

- 参见评论 8 的回应。

许多国家和地区有不同的安全要求和名称，各个实验室往往通过不同方法最终达到相同的目的。应针对结核病实验室工作给出相关的参考。

- 参见评论 8 的回应。

第 2 段，第 1 句：国家 2 级实验室要求"不产生气溶胶的制作程序。"然而，第 14 行介绍国家 2 级实验室内 BSC 的程序"可能产生气溶胶。"

- 该问题已修正。

10. 第 3 段，第 3 句：BSL-3 是 BSL-2 程序，"再加上"BSC 的应用。这已经包括在 BSL-2 内。

- 此处已修订，表达清晰。

Number 17   M48-A

<u>2.3 部分，分枝杆菌相关其他生物安全方面</u>

11. 关于第 5 段：紫外线照射的作用是有争议的，许多实验室不再应用紫外线照射。我建议使用紫外灯仍作为一个选择。

• 虽然使用紫外灯是有争议的，然而，他们仍然应该被视为一个备份选项，只要他们定期清洗、整改。为反映此问题，措辞已做修改。

12. M48 有一批以美国为中心的短语，应加以审查，以确定是否文件可以改为更合适全球的，在某些情况下，增加其他的参考文献能提高其在全球的适用性。我找出一些例子，但我浏览文件并建议分委会或小组委员进行彻底的审查、定位和修改文本相应部分。

• 关于第 2 部分评论的回应，如下所示

— 第 3 部分，第一段是指 CDC，CAP，和 ATC；是否还有其他机构？

• 据我们所知，没有任何其他机构

— 第 4.2.1 部分仅指美国胸科协会的建议。是否有来自世界上其他团体的建议？

• 作者意识到以美国为中心的文件中已经讨论几次。有许多国家有关于分枝杆菌的指南用以指导当地的具体操作，当然，多年来许多来自 WHO 和 IUATLD 的文件为发展中国家开展分枝杆菌实验室检查奠定了基础。做出决定在第 1 段承认以美国为中心的文件性质（这在很大程度上反映了书写委员会所属国家），其中包括阅读：

"文件中的许多部分，尤其是那些与鉴别相关的方法，是针对在发达国家的全方位服务的分枝杆菌实验室。然而大家公认提供各种实验室服务取决于当地现有条件和资源。许多实验室在疾病流行国家，实施确保质量的直接痰涂片显微镜检可能是一个更高的优先级，相比于本文件中所述的需要很多设备和试剂的其他方法。对于这样的实验室，更多的信息可在世界卫生组织（www.who.int）及国际防痨和肺部疾病联合会（www.tbrieder.org）的网站找到。然而这些指南应该提供有用的信息，或计划提供除了涂片镜检外的服务，如固体培养或快速检测结核分枝杆菌复合群（MTBC）"。

为反映诸多为国际广泛接收的操作和标准，而对文本进行修订，可能需要重写整个文件。为了解决读者提出的关于第 4.2.1 节的特殊问题，我们引用了除本指南之外，唯一广为作者所知，发表于一个索引期刊的指南，"Management of opportunist mycobacterial infections: Joint Tuberculosis Committee guidelines 1999. Thorax. 2000; 55: 210-218" 已增加；该指南来自英国胸科学会联合结核委员会。

— 第 5 部分，邮政规定只适用于美国；其他国家应包括或提供如何找到他们。在世界不同的地方的运输是不同的。

• 文件进行了修订，包括国际航空运输协会（国际航空运输协会）运输要求。

— 第 7.2.1 部分，第 3 段，是指美国食品及药品管理局批准；其他国家其他监管机构如何？

- 文本已修改。

— 第 7.2.5 部分指的是 CDC 和 CAP；对于其他国家的其他组织如何？

- 文本已修改。

— 第 7.3.1.1.1 部分，第一段是指"在远东"，这意味着亚洲，对于日本读者，"远东"所指是什么？

- 这句话已修订，表达清晰。

— 第 7.3.5 部分提到一个 FDA 批准的方法；该建议如何用于其他国家？

- 各国规定不同。在大多数国家，如亚洲太平洋国家，FDA 批准不需要，但在其他国家如巴西，必须经过 FDA 批准。

13. 第 2.3 部分，第 4 段：发表的方法显示抗酸杆菌涂片可以用 5% 酚乙醇固定并可灭活。

- 有一些灭活方法；涵盖次氯酸钠方法是因为它的应用更广泛。

<u>第 3 节，实验室级别和转运服务</u>

14. I 级实验室每周 15 份标本保持熟练度或 II 级实验室每周 20 个标本的标准，其基础是什么？有参考文献吗？将熟练度定位于每个微生物学家个体是否更为合适？例如，一个 II 级实验室可以由几位微生物学家处理 20 个标本／周，另一个 II 级实验室可能有一或两位微生物学家致力于分枝杆菌检测。

- 美国胸科协会和 CDC 建议：每周熟练操作 10~15 份涂片及每周 20 份标本培养和鉴定（Hawkins JE, Good RC, Kubica GP, et al. Levels of laboratory services for mycobacterial diseases: official statement of the American Thoracic Society. Am Rev Respir Dis. 1983; 128:213）。最近的第九版临床微生物学手册没有其他关于数量的建议。

15. 在第 3 部分的最后一段，讨论了使用参比实验室。该 APHL 文件，"未来的结核实验室服务"，强调系统方法有效地控制结核病和最大限度地利用资源提供快速、可靠的结核检测。我们认为重要的是要强调本文件所述的系统方法。

- 本节进行了修订，纳入这一建议

<u>第 4.1 部分，临床环境／致病性</u>

16. 第一个图表，偶发分枝杆菌拼写错误。

- 文本已纠正。

17. 表 2，第 4 个格："堪萨斯分枝杆菌及鸟分枝杆菌"应为"堪萨斯分枝杆菌或鸟分枝杆菌"。

- 文本已纠正。

18. 表 2，第 6 个格："或"不应用斜体字

- 文本已纠正。

19. 在第 2 段，"tumor neurosis factor"应为"tumor necrosis factor."

- 文本已纠正。

第 5 节，标本类型、收集、运输和储存

20. 脑脊液细胞：为什么建议 2~3 ml？有数据表明大体积（如 10 ml）更敏感。是否应在此处讨论？

表 1：拭子，如果没有其他的标本，按 ASM 手册是否可接受的转运介质（Amies or Stuarts）。干拭子应拒绝。

注：我不完全认同——我不认为应鼓励拭子标本，即使 ASM 手册说可以使用。新 ASM 手册（第九版）是刚刚宣布的，所以这篇关于拭子的建议也许已被删除。

- 至于用于结核菌培养的脑脊液量，表 2 已做修改，反映出培养时 10 ml 的量最佳，同时说明 2~3 ml 是最低要求。虽然大家公认拭子不是分离分枝杆菌的理想标本，表 2 中未做修改，由于没有关于拒绝任何类型标本的变化（临床微生物学手册，9 版，2007）。

第 6 节，标本处理

21. 一些自动化系统（如 MGIT）本身就具有较高的污染率．这些实验室使用这些系统时，需要根据污染率大于 5% 的标准调整去污剂的浓度吗？

- 整体来说，一些研究发现污染率增高是因为新的系统富含更丰富的培养基。然而，大多数人认同污染的标准指南仍然适用。

22. 第 1 段，第 7 句：第 12 行应该是 2%，而不是 3%

- 文本已纠正。

第 7.1.2 部分，制备涂片

23. 步骤 6 和 7 不包括沉积物的涂抹，但在下文中有提到。

- 不推荐涂抹。利用此方法制作 CSF 涂片的优势是通过将 1 滴标本加到另 1 滴上边的方法可浓缩细菌。

24. 最后一段的最后一句，关于 AFB 涂片热固定：我们没有气体烘烤玻片，在玻片加热板上加

热 2 h 以上是不可行的，因为我们在 8 h 工作日内完成涂片并得出结果。最低 2 h 的原因是什么？是否有研究表明短时间不可接受？

- 2 h 是可接受的时长，可将标本很好地黏附在玻片上，并杀死大多数的 AFB.

第 7.1.3 部分，染色

25. 第 3 段，第 1 句：去掉第 2 个"分枝杆菌培养"，改写句子。

- 这句已修订。

26. 第二段，最后一句：荧光染色涂片储存期间无法保留其荧光。据我们的经验，荧光染色在室温下避光保存是稳定的，至少可以保存数月。

- 已补充"长时间"的限定语。

27. 第 2 段：是否有关于"浸油会去除细菌染色"的参考文献？我尚未听说。实验室用油浸经常让浸油流到玻片盒，但并未化学性地除去染色。

- 的确如此，参考文献已列入文件。

第 7.1.7 部分，报告涂片结果

28. 表 3（现表 5）：应提及另一个造成涂片假阳性的原因是用作配制试剂的试剂和（或）水污染。

- 已接受该评论并在部分 7.1.6 解决。

29. 表 2：WHO/IUATLD 关于 AFB 的计数与本文件不同，最高级别是 3 +，而非 4+。

- 已添加，如表 4B。

第 7.2.2 部分，基因扩增技术的优点和缺点

30. 表 4: 表应包括再加 1 行，标明哪种扩增检测可用于涂片阴性的标本。

- 此信息已列入表 6。

31. 表 4（现表 6）：AMTD（表中列为 TMA）："每次运行 50 个样本。"我建议最多 20 个标本加质控，避免交叉污染。

- 已根据此建议进行修订。

第 2.3 节，测试变量

32. 第 5 段，第 3 句：一些实验室用 70% 乙醇漂洗而不是水。

- 这句已修订。

33. 程序性预防措施：参考 CLSI 文件 MMO3（或其他 CLSI 文件），还讨论了工作流程中需要

单独区域以减少交叉污染。

- 该建议已纳入程序性预防措施。

第 7.2.4 部分，成本影响

34. 第四句：我不理解这个句子中"临床专家的表现。"

- 该句已修正。

35. 第 4 句：删除"的表现。"

- 该处已删除。

第 7.3.1.2 部分，液体培养基

36. 第 2 段，第 3 句：不能使用强抗革兰阳性菌抗菌药物，如分枝杆菌，is are…

- 该句已修订。

37. 在第 2 段，应该指出的是，培养基中心抗生素也抑制真菌。这句话可能是，"这些抗生素抑制大多数革兰阴性和革兰阳性细菌以及真菌。"

- 已按建议进行修改。

第 7.3.2 节，培养基的选择

38. 是否有参考文献支持使用添加抗生素的培养基用于肺外标本？

- 临床微生物学手册，8 版，547 页，就选择性培养基指出："如果一个选择性培养基用于特定的标本，它不应该单独使用，应与非选择性琼脂或鸡蛋培养基一同使用。"

第 7.3.7.1 部分，污染率

39. 考虑参照 CLSI/NCCLS 文件 MM05（或其他 CLSI 文件），还讨论工作流程中单独的区域，减少交叉污染。

- 据我们所知，本文件中没有任何关于单独工作区域的建议；只有生物安全讨论。

第 7.3.7.2 部分，交叉污染

40. a 组到 g 组，加上："使用单独的移液器或单独的试管添加试剂。不要使用分装器。"还补充说："为了避免污染手套，戴合适的手套。"

- 已按该建议修订。

第 7.3.9 部分，报告

41. 不需要报告培养基类型和分离时间。除非使用连续监测系统，培养不是每天监测。

   • 该句已按建议修订。

第 8.1.1.5 部分，传统生化检验

42. 表 7（现表 9）：使用双阴性对照（一个使用细菌，一个使用未接种细菌的培养基）：阴性质控应该能够支持细菌生长。

   • 一些阴性反应产生淡颜色；未接种管提供真实地反应比较。

43. 图 3，在第一列"TBc Probe（–）"下："或参考"应加在"传统生化、生长速率、形态学、色素的研究。"后。我们认为以有限的经费和实验室仪器应该用于转运菌株的分离鉴定，而不是使用生化方法，既而延迟鉴定结果。因此，应该强调转运菌株至能够使用高效液相色谱法或其他方法进行快速鉴定的实验室。

   • 已按该建议作出修订。

第 8.1.2 部分 高效液相色谱（目前第 8.1.7 部分）

44. 第 1 段，第 1 句：删除单词"辅助"。高效液相色谱法是一种鉴定分枝杆菌的方法。

   • 已按该建议作出修订。

第 8.2.2 部分，扩增后测序鉴定分枝杆菌

45. 第 3 段指出，应该使用有监督的质控数据库，然后以 Gen Bank/EMBL 作为一个可以接受的例子。GenBank 是一个相对无监督、不受控制的开放式数据库。我不认为这是一个很好的例子。

   • 文本已修改

46. 第 3 段：将第 1 句与这个段落分开，去掉"与杂交类似……"到第 1 段的结尾，留下这部分的其他内容。

   • 文本已修改

参考文献

47. 参考文献 57 是参考文献 44 的重复。

   • 重复的参考文献（57）已删除。

附录 B 消化和去污染方法

48. B1 部分：第 6 步易混淆。静置 15~20 min 却要求不超过 15 min。

- 句子已经修订澄清"静置 15 min，然后进行下一个步骤。"

49. 常用的痰标本室 5 ml，而非 10 ml。

- 临床微生物学手册，第八版，551 页："转移最大容积 10 ml 的样品至"，这个程序已改为 5~10 ml。

附录 C 染色程序

50. C1，#4：水需要蒸馏或过滤，不是"消毒"。关注的是水中非结核分枝杆菌，它可能出现在涂片上。

- 此处已修改

51. C2.2，#4：以前没有提到"纸"

- 已添加吸水纸

附录 E 生化程序

52. E1.3 烟酸试验程序，#1：需要对培养基斜面进行几个"切割"以保证加入水后释放烟酸。

- 该步骤已添加。

53. E1.3 烟酸试验程序，#7：使用 5% 次氯酸钠消毒管子。

- 已添加碱性消毒剂。

质量管理体系路径

临床实验室标准协会（CLSI）在制定的标准和指南中提供质量管理体系路径，内容包括促进项目管理；通过一个模板定义文件结构和为鉴定所需文件提供一个程序。方法的依据是 CLSI 文件 HS01——"医疗保健质量管理模型"最新版本中提出的模型。质量管理系统方法核心是"质量系统要素"（QSEs）对如何组织来说它是基础，包括医疗保健工作服务流程中所有活动（即界定如何提供一个特定产品或服务的运行情况）。作为一个管理指南，QSEs 提供了配送任何类型产品或服务的框架。QSEs 包括：

文献和记录	设备	信息管理	流程改进
组织	采购和存货	事件管理	客户服务
职员	流程控制	评估——外部和内部	设施和安全

M48-A 述及的 QSEs 通过一个"X"来指示。表格中列出的其他文件的说明，请查阅下一页有关的 CLSI 出版物中相关内容。

文件和记录	组织	职员	设备	采购和存货	流程控制	信息管理	事件管理	评估——外部和内部	流程改进	客户服务	设施和安全
					X M22 M24 M29 MM03			MM03			X GP17 M29

改编自 CLSI/NCCLS 文件 HS01——医疗保健质量管理体系模型

工作流程

工作流程是指组织或实体供应商配送特定产品或进行服务所需要经历的步骤。例如，CLSI 文件 GP26——"实验室服务中质量管理体系模型的应用"定义为一个实验室工作流程包含 3 个连续的过程：分析前、分析中和分析后。所有临床实验室遵循这些过程来提供实验室的服务，换句话说提供实验室质量信息。

M48-A 述及的临床实验室工作流程通过一个步骤"X"来表示。表格中列出的其他文件说明，请查阅下一页有关的 CLSI 出版物中相关内容。

分析前				分析中			分析后	
检验申请	样本采集	样本运送	样本接收处理	检验	结果审核及跟踪	解读	结果报告和存档	样品管理
	X MM03	X MM03	X M24 MM03	X M24 MM03	X M24 MM03	X M24	X M24 MM03	X M24

改编自 CLSI/NCCLS 文件 HS01——医疗保健质量管理体系模型

CLSI 相关参考资料 *

GP17-A2 Laboratory Detection and Identification of Mycobacteria; Approved Guideline (2004). This document contains general recommendations for implementing a high-quality laboratory safety program, which are provided in a framework that is adaptable within any laboratory.

M22-A3 Quality Control for Commercially Prepared Microbiological Culture Media; Approved Standard—Third Edition (2004). This standard contains quality assurance procedures for manufacturers and users of prepared, ready-to-use microbiological culture media.

M24-A Susceptibility Testing of Mycobacteria, Nocardiae, and Other Aerobic Actinomycetes; Approved Standard (2003). This standard provides protocols and related quality control parameters and interpretive criteria for the susceptibility testing of mycobacteria, Nocardia spp., and other aerobic actinomycetes.

M29-A3 Laboratory Detection and Identification of Mycobacteria; Approved Guideline (2005). Based on US regulations, this document provides guidance on the risk of transmission of infectious agents by aerosols, droplets, blood, and body substances in a laboratory setting; specific precautions for preventing the laboratory transmission of microbial infection from laboratory instruments and materials; and recommendations for the management of exposure to infectious agents.

MM03-A2 Molecular Diagnostic Methods for Infectious Diseases; Approved Guideline—Second Edition (2006). This guideline addresses topics relating to clinical applications, amplified and nonamplified nucleic acid methods, selection and qualification of nucleic acid sequences, establishment and evaluation of test performance characteristics, inhibitors, and interfering substances, controlling false-positive reactions, reporting and interpretation of results, quality assurance, regulatory issues, and recommendations for manufacturers and clinical laboratories.

---

*在 CLSI 自愿达成共识过程中，CLSI 文件在不断评估和更新，读者应当参考最新版本。

现任委员
（自 2008 年 4 月 1 日）

Sustaining Members

Abbott
American Association for Clinical Chemistry
AstraZeneca Pharmaceuticals
Bayer Corporation
BD
Beckman Coulter, Inc.
bioMérieux, Inc.
CLMA
College of American Pathologists
GlaxoSmithKline
Ortho-Clinical Diagnostics, Inc.
Pfizer Inc
Roche Diagnostics, Inc.

Professional Members

American Academy of Family Physicians
American Association for Clinical Chemistry
American Association for Laboratory Accreditation
American Association for Respiratory Care
American Chemical Society
American College of Medical Genetics
American Medical Technologists
American Society for Clinical Laboratory Science
American Society for Microbiology
American Type Culture Collection
ASCP
Associazione Microbiologi Clinici Italiani (AMCLI)
Canadian Society for Medical Laboratory Science
COLA
College of American Pathologists
College of Medical Laboratory Technologists of Ontario
College of Physicians and Surgeons of Saskatchewan
Elkin Simson Consulting Services
ESCMID
Family Health International
Hong Kong Accreditation Service Innovation and Technology Commission
International Federation of Biomedical Laboratory Science
International Federation of Clinical Chemistry
Italian Society of Clinical Biochemistry and Clinical Molecular Biology
JCCLS
The Joint Commission
National Society for Histotechnology, Inc.
Ontario Medical Association Quality Management Program-Laboratory Service
RCPA Quality Assurance Programs PTY Limited
Serbian Society of Microbiology
SIMeL
Sociedad Espanola de Bioquimica Clinica y Patologia Molecular
Sociedade Brasileira de Analises Clinicas
Sociedade Brasileira de Patologia Clinica
Turkish Society of Microbiology
Washington G2 Reports
World Health Organization

Government Members

Armed Forces Institute of Pathology
Association of Public Health Laboratories
BC Centre for Disease Control
Centers for Disease Control and Prevention
Centers for Disease Control and Prevention – Namibia
Centers for Disease Control and Prevention – Nigeria
Centers for Disease Control and Prevention – Tanzania
Centers for Medicare & Medicaid Services
Centers for Medicare & Medicaid Services/CLIA Program
Chinese Committee for Clinical Laboratory Standards
Department of Veterans Affairs
DFS/CLIA Certification
FDA Center for Biologics Evaluation and Research
FDA Center for Devices and Radiological Health
FDA Center for Veterinary Medicine
Health Canada
Massachusetts Department of Public Health Laboratories
Ministry of Health and Social Welfare – Tanzania
National Center of Infectious and Parasitic Diseases (Bulgaria)
National Health Laboratory Service (South Africa)
National Institute of Standards and Technology
National Pathology Accreditation Advisory Council (Australia)
New York State Department of Health
Ontario Ministry of Health
Pennsylvania Dept. of Health
Saskatchewan Health-Provincial Laboratory
Scientific Institute of Public Health
University of Iowa, Hygienic Lab

Industry Members

3M Medical Division
AB Biodisk
Abbott
Abbott Diabetes Care
Abbott Molecular Inc.
Abbott Point of Care Inc.
Access Genetics
Acupath
AdvaMed
Advancis Pharmaceutical Corporation
Advantage Bio Consultants, Inc.
Affymetrix, Inc. (Santa Clara, CA)
Affymetrix, Inc. (W. Sacramento, CA)
Agilent Technologies/Molecular Diagnostics
Ammirati Regulatory Consulting
Anapharm, Inc.
Anna Longwell, PC
Aptium Oncology
Arpida Ltd.
A/S Rosco
Associate Regional & University Pathologists
Astellas Pharma
AstraZeneca Pharmaceuticals
Aviir, Inc.
Axis-Shield PoC AS
Bayer Corporation – West Haven, CT
Bayer HealthCare, LLC, Diagnostics Div. – Elkhart, IN
BD
BD Biosciences – San Jose, CA
BD Diagnostic Systems
BD Vacutainer Systems
Beckman Coulter, Inc.
Beth Goldstein Consultant (PA)
Bioanalyse, Ltd.
Bio-Development S.r.l.
Biomedia Laboratories SDN BHD
bioMérieux, Inc. (MO)
bioMérieux, Inc. (NC)
Bio-Rad Laboratories, Inc. – France
Bio-Rad Laboratories, Inc. – Irvine, CA
Bio-Rad Laboratories, Inc. – Plano, TX
Blaine Healthcare Associates, Inc.
Braun Biosystems, Inc.
Canon U.S. Life Sciences, Inc.
Cempra Pharmaceuticals, Inc.
Center for Measurement Standards/ITRI
Centers for Disease Control and Prevention
Central States Research Centre, Inc.
Cepheid
Chen & Chen, LLC (IQUUM)
The Clinical Microbiology Institute
Comprehensive Cytometric Consulting Control Lab
Copan Diagnostics Inc.
Cosmetic Ingredient Review
Cubist Pharmaceuticals
Cumbre Inc.
Dade Behring Marburg GmbH – A Siemens Company
Dahl-Chase Pathology Associates PA
David G. Rhoads Associates, Inc.
Diagnostic Products Corporation
Diagnostica Stago
Docro, Inc.
DX Tech
Eiken Chemical Company, Ltd.
Elanco Animal Health
Emisphere Technologies, Inc.
Eurofins Medinet
Fio
Focus Diagnostics
Future Diagnostics B.V.
Genomic Health, Inc.
Gen-Probe
Genzyme Diagnostics
GlaxoSmithKline
GlucoTec, Inc.
GR Micro LTD
Greiner Bio-One Inc.
Habib Regulatory Consulting
HistoGenex N.V.
Icon Laboratories, Inc.
Immunicon Corporation
Indiana State Department of Health
Instrumentation Laboratory
Japan Assn. of Clinical Reagents Industries
Joanneum Research Forschungsgesellschaft mbH
Johnson & Johnson Pharmaceutical Research and Development, L.L.C.
Kaiser Permanente
K.C.J. Enterprises
Krouwer Consulting
Laboratory Specialists, Inc.
LifeScan, Inc. (a Johnson & Johnson Company)
LipoScience
Maine Standards Company, LLC
Medical Device Consultants, Inc.
Merck & Company, Inc.
Micromyx, LLC
MicroPhage
Monogen, Inc.
MultiPhase Solutions, Inc.
Nanogen
Nanogen, Point-of-Care Diagnostics Div.
Nanosphere, Inc.
Nihon Koden Corporation
Nissui Pharmaceutical Co., Ltd.
NJK & Associates, Inc.
NorDx – Scarborough Campus
NovaBiotics (Aberdeen, UK)
Novartis Institutes for Biomedical Research
Nucryst Pharmaceuticals
Olympus America, Inc.
Opti Scan Bio Medical Assoc.
Optimer Pharmaceuticals, Inc.
Orion Genomics, LLC
Ortho-Clinical Diagnostics, Inc. (Rochester, NY)
Ortho-McNeil, Inc.
Oxonica (UK)
Panaceapharma Pharmaceuticals
Paratek Pharmaceuticals, Inc.
PathCare
Pathwork Diagnostics
Pfizer Animal Health
Pfizer Inc
Phadia AB
PlaCor, Inc.
Powers Consulting Services
PPD
ProSource Consulting, Inc.
QSE Consulting
Qualtek Clinical Laboratories
Quest Diagnostics, Incorporated
Radiometer America, Inc.
RCC CIDA S. A.
Replidyne
Rib-X Pharmaceuticals
Roche Diagnostics GmbH
Roche Diagnostics, Inc.
Roche Diagnostics Ltd
Roche Diagnostics Shanghai Ltd.
Roche Molecular Systems
SAIC Frederick Inc. NCI-Frederick Cancer Research & Development Center
Sanofi Pasteur
Sarstedt, Inc.
Schering Corporation
Sequenom, Inc.
Siemens Healthcare Diagnostics
Siemens Medical Solutions Diagnostics (CA)
Siemens Medical Solutions Diagnostics (DE)
Siemens Medical Solutions Diagnostics (NY)
Specialty Ranbaxy Ltd
Sphere Medical Holding Limited
State of Alabama
Stirling Medical Innovations
Streck Laboratories, Inc.
Sysmex America, Inc. (Mundelein, IL)
Sysmex Corporation (Japan)
Targanta Therapeutics, Inc
Tethys Bioscience, Inc.
TheraDoc
Therapeutic Monitoring Services, LLC
Theravance Inc.
Third Wave Technologies, Inc.
Thrombodyne, Inc.
ThromboVision, Inc.
Transasia Bio-Medicals Limited
Trek Diagnostic Systems
Upside Endeavors, LLC
Vital Diagnostics S.r.l.
Watin-Biolife Diagnostics and Medicals
Wellstat Diagnostics, LLC
Wyeth Research
XDX, Inc.
YD Consultant
ZIUR Ltd.

Trade Associations

AdvaMed
Japan Association of Clinical Reagents Industries (Tokyo, Japan)

Associate Active Members

3rd Medical Group (AK)
5th Medical Group/SGSL (ND)
22 MDSS (KS)
36th Medical Group/SGSL (Guam)
48th Medical Group/MDSS (APO, AE)
55th Medical Group/SGSAL (NE)
59th MDW/859th MDTS/MTL Wilford Hall Medical Center (TX)
Academisch Ziekenhuis-VUB
Acadiana Medical Labs, Ltd
ACL Laboratories (IL)
Adams County Hospital (OH)
Air Force Institute for Operational Health (TX)
Akron's Children's Hospital (OH)
Alameda County Medical Center
Albany Medical Center Hospital (NY)
Albemarle Hospital (NC)
Alfred I. du Pont Hospital for Children
All Children's Hospital (FL)
Allegheny General Hospital (PA)
Alpena General Hospital (MI)
Alta Bates Summit Medical Center (CA)
American University of Beirut Medical Center (NJ)
Anne Arundel Medical Center (MD)
Antelope Valley Hospital District (CA)
Arkansas Children's Hospital (AR)
Arkansas Dept of Health Public Health Laboratory (AR)
Arkansas Methodist Medical Center (AR)
Asan Medical Center (Seoul)
Asante Health System (OR)
Asiri Group of Hospitals Ltd.
Asociacion Espanola Primera de Socorros Mutuos (Uruguay)
Aspirus Wausau Hospital (WI)
Atlantic City Medical Center (NJ)
Atlantic Health Sciences Corp.
Auburn Regional Medical Center (WA)
Augusta Medical Center (VA)
Aultman Hospital (OH)
Avera McKennan (SD)
Az Sint-Jan
Azienda Ospedale Di Lecco (Italy)
Baffin Regional Hospital (Canada)

Baptist Hospital for Women (TN)
Baptist Hospital of Miami (FL)
Bassett Army Community Hospital (AK)
Baton Rouge General (LA)
Baxter Regional Medical Center (AR)
Bay Regional Medical Center (MI)
BayCare Health System (FL)
Baylor Health Care System (TX)
Bayou Pathology, APMC (LA)
Baystate Medical Center (MA)
B.B.A.G. Ve U. AS., Duzen Laboratories (Turkey)
Beebe Medical Center (DE)
Belfast HSS Trust
Beloit Memorial Hospital (WI)
Ben Taub General Hospital (TX)
The Bermuda Hospitals Board
Bonnyville Health Center (Canada)
Boston Medical Center (MA)
Boulder Community Hospital (CO)
Brantford General Hospital (Canada)
Bridgeport Hospital (CT)
Bronson Methodist Hospital (MI)
Broward General Medical Center (FL)
Calgary Laboratory Services (Calgary, AB, Canada)
California Pacific Medical Center (CA)
Cambridge Health Alliance (MA)
Camden Clark Memorial Hospital (WV)
Canadian Science Center for Human and Animal Health (Canada)
Cape Breton Healthcare Complex (Canada)
Cape Cod Hospital (MA)
Cape Fear Valley Medical Center Laboratory (NC)
Capital Health/QE II Health Sciences Centre (Nova Scotia)
Capital Health - Regional Laboratory Services (Canada)
Capital Health System Mercer Campus (NJ)
Carilion Labs Charlotte
Carpermor S.A. de C.V. (Mexico)
Catholic Health Initiatives (KY)
Cavan General Hospital (Ireland)
CDC/HIV (APO, AP)
Cedars-Sinai Medical Center (CA)
Central Baptist Hospital (KY)
Central Kansas Medical Center (KS)
Central Texas Veterans Health Care System (TX)
Centralized Laboratory Services (NY)
Centre Hospitalier Anna-Laberge (Canada)
Centura – Villa Pueblo (CO)
Chaleur Regional Hospital (Canada)
Chang Gung Memorial Hospital (Taiwan)
Changhua Christian Hospital (Taiwan)
The Charlotte Hungerford Hospital (CT)
Chatham - Kent Health Alliance (Canada)
Chesapeake General Hospital (VA)
Chester County Hospital (PA)
Children's Healthcare of Atlanta (GA)
The Children's Hospital (CO)
Children's Hospital (OH)
Children's Hospital and Medical Center (WA)
Children's Hospital & Research Center at Oakland (CA)
Children's Hospital Medical Center (OH)
Children's Hospital of Philadelphia (PA)
Children's Hospitals and Clinics (MN)
Children's Medical Center (OH)
Children's Medical Center (TX)
Children's Memorial Hospital (IL)
The Children's Mercy Hospital (MO)
Childrens Hosp. – Kings Daughters (VA)
Childrens Hospital Los Angeles (CA)
Childrens Hospital of Wisconsin (WI)
Chilton Memorial Hospital (NJ)
Christiana Care Health Services (DE)
Christus St. John Hospital (TX)
CHU Sainte – Justine (Quebec)
City of Hope National Medical Center (CA)
Clarian Health – Clarian Pathology Laboratory (IN)
Cleveland Clinic Health System Eastern Region (OH)
Clinical Labs of Hawaii (HI)
CLSI Laboratories, Univ. Pittsburgh Med. Ctr. (PA)
Colchester East Hants Health Authority (Canada)
Commonwealth of Virginia (DCLS) (VA)
Community Hospital (IN)
The Community Hospital (OH)
Community Hospital of the Monterey Peninsula (CA)
Community Medical Center (NJ)
Community Memorial Hospital (WI)
Consultants Laboratory of WI LLC (WI)
Contra Costa Regional Medical Center (CA)
Cook Children's Medical Center (TX)
Cork University Hospital (Ireland)
Corpus Christi Medical Center (TX)
Covance CLS (IN)
Covance Evansville (IN)
The Credit Valley Hospital (Canada)
Creighton Medical Laboratories (NE)
Creighton University Medical Center (NE)
Crozer-Chester Medical Center (PA)
Darwin Library NT Territory Health Services (Australia)
David Grant Medical Center (CA)
Daviess Community Hospital (IN)
Deaconess Hospital Laboratory (IN)
Deaconess Medical Center (WA)
Dean Medical Center (WI)
DeWitt Healthcare Network (USA Meddac) (VA)
DHHS NC State Lab of Public Health (NC)
Diagnostic Laboratory Services, Inc. (HI)
Diagnostic Services of Manitoba (Canada)
Diagnósticos da América S/A (Sao Paulo)
DIANON Systems/Lab Corp. (OK)
Diaz Gill-Medicina Laboratorial S.A.
Dimensions Healthcare System (MD)
Dr. Erfan & Bagedo General Hospital (Saudi Arabia)
Dr. Everette Chalmers Regional Hospital (NB)
DRAKE Center (OH)
Driscoll Children's Hospital (TX)
DSI of Bucks County (PA)
DUHS Clinical Laboratories (NC)
Dundy County Hospital (NE)
Durham VA Medical Center (NC)
DVA Laboratory Services (FL)
Dwight D. Eisenhower Medical Center (KS)
E. A. Conway Medical Center (LA)
East Central Health (Canada)
East Georgia Regional Medical Center (GA)
Eastern Health Pathology (Australia)
Easton Hospital (PA)
Edward Hospital (IL)
Effingham Hospital (GA)
Eliza Coffee Memorial Hospital (AL)
Emory University Hospital (GA)
Evangelical Community Hospital (PA)
Evans Army Community Hospital (CO)
Exeter Hospital (NH)
Federal Medical Center (MN)
First Health of the Carolinas Moore Regional Hospital (NC)
Flaget Memorial Hospital (KY)
Fletcher Allen Health Care (VT)
Fleury S.A. (Brazil)
Florida Hospital (FL)
Florida Hospital Waterman (FL)
Foote Hospital (MI)
Fort St. John General Hospital (Canada)
Forum Health Northside Medical Center (OH)
Fox Chase Cancer Center (PA)
Frankford Hospital (PA)
Fraser Health Authority Royal Columbian Hospital Site (Canada)
Fresenius Medical Care/Spectra East (NJ)
Fundacio Joan Costa Roma Consorci Sanitari de Terrassa (Spain)
Gamma-Dynacare Laboratories (Canada)
Gamma Dynacare Medical Laboratories (Ontario, Canada)
Garden City Hospital (MI)
Garfield Medical Center (CA)
Geisinger Medical Center (Danville, PA)
Genesis Healthcare System (OH)
George Washington University Hospital (DC)
Ghent University Hospital (Belgium)
Good Samaritan Hospital (OH)
Good Shepherd Medical Center (TX)
Grana S.A. (Mexico)
Grand Strand Reg. Medical Center (SC)
Gundersen Lutheran Medical Center (WI)
Guthrie Clinic Laboratories (PA)
Haga Teaching Hospital (Netherlands)
Hagerstown Medical Laboratory (MD)
Halton Healthcare Services (Canada)
Hamad Medical Corporation (Qatar)
Hamilton Regional Laboratory Medicine Program (Canada)
Hanover General Hospital (PA)
Harford Memorial Hospital (MD)
Harris Methodist Fort Worth (TX)
Health Network Lab (PA)
Health Partners Laboratories Bon Secours Richmond (VA)
Health Sciences Research Institute (Japan)
Health Waikato (New Zealand)
Heartland Health (MO)
Heidelberg Army Hospital (APO, AE)
Helen Hayes Hospital (NY)
Hema-Quebec (Canada)
Hennepin Faculty Association (MN)
Henry Ford Hospital (MI)
Henry M. Jackson Foundation (MD)
Henry Medical Center, Inc. (GA)
Hi-Desert Medical Center (CA)
Hoag Memorial Hospital Presbyterian (CA)
Holy Cross Hospital (MD)
Holy Family Medical Center (WI)
Holy Name Hospital (NJ)
Holy Spirit Hospital (PA)
Hopital Cite de La Sante de Laval (Canada)
Hopital du Haut-Richelieu (Canada)
Hôpital Maisonneuve - Rosemont (Montreal, Canada)
Hôpital Sacré-Coeur de Montreal (Quebec, Canada)
Hopital Santa Cabrini Ospedale (Canada)
Hospital Albert Einstein (Brazil)
Hospital das Clinicas-FMUSP (Brazil)
Hospital de Dirino Espirito Santa (Portugal)
The Hospital for Sick Children (Canada)
Hôtel Dieu Grace Hospital Library (Windsor, ON, Canada)
Hunter Area Pathology Service (Australia)
Imelda Hospital (Belgium)
Indiana University – Chlamydia Laboratory (IN)
Inova Fairfax Hospital (VA)
Institut fur Stand. und Dok. im Med. Lab. (Germany)
Institut National de Santé Publique du Quebec Centre de Doc. – INSPQ (Canada)
Institute Health Laboratories (PR)
Institute of Clinical Pathology and Medical Research (Australia)
Institute of Laboratory Medicine Landspitali Univ. Hospital (Iceland)
Institute of Medical & Veterinary Science (Australia)
Integrated Regional Laboratories South Florida (FL)
International Health Management Associates, Inc. (IL)
Ireland Army Community Hospital (KY)
IWK Health Centre (Canada)
Jackson County Memorial Hospital (OK)
Jackson Health System (FL)
Jackson Purchase Medical Center (KY)
Jacobi Medical Center (NY)
John C. Lincoln Hospital (AZ)
John Muir Medical Center (CA)
John T. Mather Memorial Hospital (NY)
Johns Hopkins Medical Institutions (MD)
Johns Hopkins University (MD)
Johnson City Medical Center (TN)
JPS Health Network (TX)
Kadlec Medical Center (WA)
Kaiser Permanente (CA)
Kaiser Permanente (MD)
Kaiser Permanente (OH)
Kaiser Permanente Medical Care (CA)
Kantonsspital Aarau AG (Switzerland)
Keller Army Community Hospital (NY)
Kenora-Rainy River Reg. Lab. Program (Canada)
King Fahad National Guard Health Affairs King Abdulaziz Medical City (Saudi Arabia)
King Faisal Specialist Hospital (MD)
King Hussein Cancer Center
Kings County Hospital Center (NY)
Kingston General Hospital (Canada)
Lab Medico Santa Luzia LTDA (Brazil)
Labette Health (KS)
Laboratory Alliance of Central New York (NY)
LabPlus Auckland Healthcare Services Limited (New Zealand)
Labway Clinical Laboratory Ltd (China)
Lafayette General Medical Center (LA)
Lakeland Regional Laboratories (MI)
Lakeland Regional Medical Center (FL)
Lancaster General Hospital (PA)
Landstuhl Regional Medical Center
Langley Air Force Base (VA)
LeBonheur Children's Medical Center (TN)
Legacy Laboratory Services (OR)
Lethbridge Regional Hospital (Canada)
Lewis-Gale Medical Center (VA)
L'Hotel-Dieu de Quebec (Quebec, Canada)
Licking Memorial Hospital (OH)
LifeBridge Health Sinai Hospital (MD)
LifeLabs (Canada)
Loma Linda University Medical (CA)
Long Beach Memorial Medical Center (CA)
Los Angeles County Public Health Lab. (CA)
Louisiana Office of Public Health Laboratory (LA)
Louisiana State University Medical Ctr. (LA)
Lourdes Hospital (KY)
Maccabi Medical Care and Health Fund
Madison Parish Hospital (LA)
Mafraq Hospital
Magnolia Regional Health Center (MS)
Main Line Clinical Laboratories, Inc. (PA)
Maricopa Integrated Health System (AZ)
Marquette General Hospital (MI)
Marshfield Clinic (WI)
Martha Jefferson Hospital (VA)
Martin Luther King, Jr. Harbor Hospital (CA)
Martin Memorial Health Systems (FL)
Mary Imogene Bassett Hospital (NY)
Marymount Medical Center (KY)
Massachusetts General Hospital (MA)
Massachusetts General Hospital Division of Laboratory Medicine (MA)
Maxwell Air Force Base (AL)
Mayo Clinic (MN)
Mayo Clinic Scottsdale (AZ)
MDS Metro Laboratory Services (BC, Canada)
Meadows Regional Medical Center (GA)
Mease Countryside Hospital (FL)
Medecin Microbiologiste (Canada)
Medical Center Hospital (TX)
Medical Center of Louisiana at NO-Charity (LA)
Medical Center of McKinney (TX)
Medical Centre Ljubljana (Slovenia)
Medical College of Virginia Hospital (VA)
Medical Specialists (IN)
Medical Univ. of South Carolina (SC)
MediCorp - Mary Washington Hospital (VA)
Memorial Hermann Healthcare System (TX)
Memorial Hospital at Gulfport (MS)
Memorial Hospital Laboratory (CO)
Memorial Medical Center (IL)
Memorial Medical Center (PA)
Memorial Regional Hospital (FL)
Mercy Franciscan Mt. Airy (OH)
Mercy Hospital (ME)
Mercy Medical Center (CO)
Mercy Medical Center (OR)
Methodist Hospital (MN)
Methodist Hospital (TX)
Methodist Hospital Pathology (NE)
MetroHealth Medical Center (OH)
Metropolitan Hospital Center (NY)
Metropolitan Medical Laboratory, PLC (IA)

The Michener Inst. for Applied Health Sciences (Canada)
Middelheim General Hospital
Middletown Regional Hospital (OH)
Mike O'Callaghan Federal Hospital (NV)
Mississippi Baptist Medical Center (MS)
Mississippi Public Health Lab (MS)
Monmouth Medical Center (NJ)
Montefiore Medical Center (NY)
Montreal General Hospital (Quebec)
Morton Plant Hospital (FL)
Mt. Sinai Hospital - New York (NY)
Nassau County Medical Center (NY)
National Cancer Center (S. Korea)
National Cancer Institute (MD)
National Healthcare Group (Singapore)
National Institutes of Health, Clinical Center (MD)
National Naval Medical Center (MD)
National University Hospital Department of Laboratory Medicine (Singapore)
Naval Hospital Great Lakes (IL)
Naval Hospital Oak Harbor (WA)
Naval Medical Center Portsmouth (VA)
NB Department of Health
The Nebraska Medical Center (NE)
New England Baptist Hospital (MA)
New England Fertility Institute (CT)
New Lexington Clinic (KY)
New York City Department of Health and Mental Hygiene (NY)
New York-Presbyterian Hospital (NY)
New York University Medical Center (NY)
Newark Beth Israel Medical Center (NJ)
Newton Memorial Hospital (NJ)
North Bay Hospital (FL)
North Carolina Baptist Hospital (NC)
North Coast Clinical Laboratory, Inc. (OH)
North District Hospital (Hong Kong)
North Mississippi Medical Center (MS)
North Shore-Long Island Jewish Health System Laboratories (NY)
Northeast Pathologists, Inc. (MO)
Northridge Hospital Medical Center (CA)
Northside Hospital (GA)
Northwest Texas Hospital (TX)
Northwestern Memorial Hospital (IL)
Norton Healthcare (KY)
Ochsner Clinic Foundation (LA)
Ohio State University Hospitals (OH)
Onze Lieve Vrouw Ziekenhuis (Belgium)
Ordre Professionel des Technologistes Medicaux du Quebec (Quebec)
Orebro University Hospital
Orlando Regional Healthcare System (FL)
The Ottawa Hospital (Canada)
Our Lady of Lourdes Medical Center (NJ)
Our Lady of Lourdes Reg. Medical Ctr. (LA)
Our Lady of the Way Hospital (KY)
Our Lady's Hospital for Sick Children (Ireland)
Overlake Hospital Medical Center (WA)
Palmetto Health Baptist Laboratory (SC)
Pathologists Associated (IN)
Pathology and Cytology Laboratories, Inc. (KY)
Pathology Associates Medical Laboratories (WA)
Penn State Hershey Medical Center (PA)
Pennsylvania Hospital (PA)
Penrose St. Francis Health Services (CO)
The Permanente Medical Group (CA)
Perry County Memorial Hospital (IN)
Peterborough Regional Health Centre (Canada)
Piedmont Hospital (GA)
Pitt County Memorial Hospital (NC)
Prairie Lakes Hospital (SD)
Presbyterian Hospital of Dallas (TX)
Presbyterian/St. Luke's Medical Center (CO)
Prince County Hospital
Princess Margaret Hospital (Hong Kong)
Providence Alaska Medical Center (AK)
Providence Health Care (Canada)
Providence Medford Medical Center (OR)
Provincial Health Services Authority (Vancouver, BC, Canada)
Provincial Laboratory for Public Health (Edmonton, AB, Canada)
Queen Elizabeth Hospital (Canada)
Queensland Health Pathology Services (Australia)
Quest Diagnostics, Inc
Quest Diagnostics, Inc (San Juan Capistrano, CA)
Quest Diagnostics JV (IN, OH, PA)
Quest Diagnostics Laboratories (WA)
Quincy Hospital (MA)
Rady Children's Hospital San Diego (CA)
Redington-Fairview General Hospital (ME)
Regional Health Authority Four (RHA4) (Canada)
Regions Hospital (MN)
Reid Hospital & Health Care Services (IN)
Renown Regional Medical Center (NV)
Research Medical Center (MO)
Riverside Regional Medical Center (VA)
Riyadh Armed Forces Hospital, Sulaymainia
Robert Wood Johnson University Hospital (NJ)
Roxborough Memorial Hospital (PA)
Royal Victoria Hospital (Canada)
Rush North Shore Medical Center (IL)
SAAD Specialist Hospital (Saudi Arabia)
Sacred Heart Hospital (FL)
Sacred Heart Hospital (WI)
Sahlgrenska Universitetssjukhuset (Sweden)
Saint Elizabeth Regional Medical Center (NE)
Saint Francis Hospital & Medical Center (CT)
Saint Mary's Regional Medical Center (NV)
Saints Memorial Medical Center (MA)
St. Agnes Healthcare (MD)
St. Anthony Hospital (OK)
St. Anthony Hospital Central Laboratory (CO)
St. Anthony's Hospital (FL)
St. Barnabas Medical Center (NJ)
St. Christopher's Hospital for Children (PA)
St. Elizabeth Community Hospital (CA)
St. Francis Hospital (SC)
St. Francis Medical Center (MN)
St. John Hospital and Medical Center (MI)
St. John's Hospital (IL)
St. John's Hospital & Health Ctr. (CA)
St. John's Mercy Medical Center (MO)
St. John's Regional Health Center (MO)
St. Joseph Medical Center (MD)
St. Joseph Mercy – Oakland (MI)
St. Joseph Mercy Hospital (MI)
St. Joseph's Hospital (FL)
St. Joseph's Hospital & Health Center (ND)
St. Joseph's Medical Center (CA)
St. Joseph's Regional Medical Center (NJ)
St. Jude Children's Research Hospital (TN)
St. Louis University Hospital (MO)
St. Luke's Hospital (FL)
St. Luke's Hospital (IA)
St. Luke's Hospital (PA)
St. Margaret Memorial Hospital (PA)
St. Martha's Regional Hospita (Canada)
St. Mary Medical Center (CA)
St. Mary's Health Center (MO)
St Mary's Healthcare (SD)
St. Mary's Medical Center (IN)
St. Michael's Hospital Diagnostic Laboratories & Pathology (Canada)
St. Tammany Parish Hospital (LA)
St. Thomas More Hospital (CO)
Sampson Regional Medical Center (NC)
Samsung Medical Center (Korea)
San Francisco General Hospital-University of California San Francisco (CA)
Sanford USP Medical Center (SD)
SARL Laboratoire Carron (France)
Saudi Aramco Medical (Saudi Arabia)
Scott Air Force Base (IL)
Scott & White Memorial Hospital (TX)
Seoul National University Hospital (Korea)
Seton Medical Center (CA)
Shamokin Area Community Hospital (PA)
Sheik Kalifa Medical City (UAE)
Shore Memorial Hospital (NJ)
Shriners Hospitals for Children (SC)
Singapore General Hospital (Singapore)
SJRMC Plymouth Laboratory (IN)
Sky Lakes Medical Center (OR)
South Bend Medical Foundation (IN)
South County Hospital (RI)
South Dakota State Health Laboratory (SD)
South Miami Hospital (FL)
Southern Health Care Network (Australia)
Southern Maine Medical Center (ME)
Southwest Nova District Health Authority (Canada)
Speare Memorial Hospital (NH)
Spectrum Health - Blodgett Campus (MI)
Stanford Hospital and Clinics (CA)
State of Connecticut Department of Public Health (CT)
State of Hawaii Department of Health (HI)
State of Washington-Public Health Labs (WA)
Steele Memorial Hospital (ID)
Stillwater Medical Center (OK)
Stony Brook University Hospital (NY)
Stormont-Vail Regional Medical Center (KS)
Sudbury Regional Hospital (Canada)
Suncoast Medical Clinic (FL)
Sunnybrook Health Science Center (ON, Canada)
Sunrise Hospital and Medical Center (NV)
Swedish Medical Center (CO)
Sydney South West Pathology Service (Australia)
T.J. Samson Community Hospital (KY)
Taipei Veterans General Hospital (Taiwan)
Taiwan Society of Laboratory Medicine
Tallaght Hospital
Tartu University Clinics (Tartu)
Temple Univ. Hospital - Parkinson Pav. (PA)
Texas Children's Hospital (TX)
Texas Department of State Health Services
Thomason Hospital (TX)
Timmins and District Hospital (Canada)
The Toledo Hospital (OH)
Touro Infirmary (LA)
Tri-Cities Laboratory (WA)
Trident Medical Center (SC)
Trinity Medical Center (AL)
Tripler Army Medical Center (HI)
Tufts New England Medical Center Hospital (MA)
Tulane Medical Center Hospital & Clinic (LA)
Turku University Central Hospital
UCI Medical Center (CA)
UCLA Medical Center Clinical Laboratories (CA)
UCSD Medical Center (CA)
UCSF Medical Center China Basin (CA)
UMass Memorial Medical Center (MA)
UMC of Southern Nevada (NV)
UNC Hospitals (NC)
Union Clinical Laboratory (Taiwan)
United Christian Hospital (Hong Kong)
United Clinical Laboratories (IA)
Unity HealthCare (IA)
Universita Campus Bio-Medico (Italy)
Universitair Ziekenhuis Antwerpen (Belgium)
University College Hospital (Ireland)
University Medical Center at Princeton (NJ)
University of Alabama-Birmingham Hospital (AL)
University of Arkansas for Medical Sci. (AR)
University of Chicago Hospitals (IL)
University of Colorado Health Sciences Center (CO)
University of Colorado Hospital
University of Iowa Hospitals and Clinics (IA)
University of Kentucky Med. Ctr. (KY)
University of Maryland Medical System (MD)
University of Medicine & Dentistry, NJ University Hosp. (NJ)
University of Miami (FL)
University of Missouri Hospital (MO)
University of MN Medical Center - Fairview
University of MS Medical Center (MS)
University of So. Alabama Children's and Women's Hospital (AL)
University of Texas Health Center (TX)
The University of Texas Medical Branch (TX)
University of the Ryukyus (Japan)
University of Virginia Medical Center
University of Washington
UPMC Bedford Memorial (PA)
U.S.A. Meddac (Pathology Division) (MO)
UW Hospital (WI)
UZ-KUL Medical Center (Belgium)
VA (Asheville) Medical Center (NC)
VA (Bay Pines) Medical Center (FL)
VA (Chillicothe) Medical Center (OH)
VA (Cincinnati) Medical Center (OH)
VA (Dallas) Medical Center (TX)
VA (Dayton) Medical Center (OH)
VA (Decatur) Medical Center (GA)
VA (Hines) Medical Center (IL)
VA (Indianapolis) Medical Center (IN)
VA (Iowa City) Medical Center (IA)
VA (Long Beach) Medical Center (CA)
VA (Miami) Medical Center (FL)
VA New Jersey Health Care System (NJ)
VA Outpatient Clinic (OH)
VA (Phoenix) Medical Center (AZ)
VA (San Diego) Medical Center (CA)
VA (Seattle) Medical Center (WA)
VA (Sheridan) Medical Center (WY)
VA (Tucson) Medical Center (AZ)
Valley Health (VA)
Vancouver Hospital and Health Sciences Center (BC, Canada)
Vancouver Island Health Authority (Canada)
Vanderbilt University Medical Center (TN)
Via Christi Regional Medical Center (KS)
Virga Jessezieukenhuis (Belgium)
ViroMed Laboratories (LabCorp) (MN)
Virtua - West Jersey Hospital (NJ)
WakeMed (NC)
Walter Reed Army Medical Center (DC)
Warren Hospital (NJ)
Washington Hospital Center (DC)
Waterbury Hospital (CT)
Waterford Regional Hospital (Ireland)
Wayne Memorial Hospital (NC)
Weirton Medical Center (WV)
Wellstar Douglas Hospital Laboratory (GA)
Wellstar Paulding Hospital (GA)
Wellstar Windy Hill Hospital Laboratory (GA)
West China Second University Hospital, Sichuan University (P.R. China)
West Valley Medical Center Laboratory (ID)
Westchester Medical Center (NY)
Western Baptist Hospital (KY)
Western Healthcare Corporation (Canada)
Wheaton Franciscan & Midwest Clinical Laboratories (WI)
Wheeling Hospital (WV)
Whitehorse General Hospital (Canada)
William Beaumont Army Medical Center (TX)
William Beaumont Hospital (MI)
William Osler Health Centre (Canada)
Winchester Hospital (MA)
Winn Army Community Hospital (GA)
Wisconsin State Laboratory of Hygiene (WI)
Wishard Health Sciences (IN)
Womack Army Medical Center (NC)
Woodlawn Hospital (IN)
York Hospital (PA)

OFFICERS

Robert L. Habig, PhD,
President
Habig Regulatory Consulting

Gerald A. Hoeltge, MD,
President-Elect
Cleveland Clinic

Mary Lou Gantzer, PhD,
Secretary
Dade Behring Inc.

W. Gregory Miller, PhD,
Treasurer
Virginia Commonwealth University

Thomas L. Hearn, PhD,
Immediate Past President
Centers for Disease Control and Prevention

Glen Fine, MS, MBA,
Executive Vice President

Susan Blonshine, RRT, RPFT, FAARC
TechEd

Maria Carballo
Health Canada

Russel K. Enns, PhD
Cepheid

Lillian J. Gill, DPA
FDA Center for Devices and Radiological Health

Prof. Naotaka Hamasaki, MD, PhD
Nagasaki International University

Valerie Ng, PhD, MD
Alameda County Medical Center/
Highland General Hospital

BOARD OF DIRECTORS

Janet K.A. Nicholson, PhD
Centers for Disease Control and Prevention

Luann Ochs, MS
BD Diagnostics – TriPath

Timothy J. O'Leary, MD, PhD
Department of Veterans Affairs

Klaus E. Stinshoff, Dr.rer.nat.
Digene (Switzerland) Sàrl (Retired)

Michael Thein, PhD
Roche Diagnostics GmbH

James A. Thomas
ASTM International